私たちの世界遺産 1
持続可能な美しい地域づくり
――世界遺産フォーラムin高野山

〈編著者〉
五十嵐 敬喜
アレックス・カー
西村 幸夫

公人の友社

私たちの世界遺産 1

持続可能な美しい地域づくり

――世界遺産フォーラムin高野山

はじめに

日本では「世界遺産」といわれてもピンと来ないというのが多くの人の実感だろう。しかし実際、世界遺産を見てみると、それはなにもはるか遠い世界のことではなく、長い歴史と文脈を背負った上でのことだが、今日の日常の中にあることが実感される。たとえばけばけばしい看板、あるいは道路に飛び出す自販機、そしてあふれる自動車、空を覆う電線などなど。それらはこの町に妥当かどうか、世界遺産は大きな判断基準になる。もっと言えば、世界遺産であろうとなかろうと、それらを含めた町のあり方を今後どうして行くのか、ということがどこでも話題になり始め、文化財はもちろん景観もすでに法的に保護されるべき価値になっている。

それではどのような町が良いのか。これに対してなかなか答えがない。好みによってばらばら、というのが実態である。このようななかで逆説的に言えば世界遺産は、世界中の多くの人が「価値」があると認めたという一点で、それぞれの町づくりの大きな目標になるのである。

世界遺産は実際どうなっているのか。これを今までのように「文化庁」や「担当者」の側からではなく、国民の側から点検したい。広島原爆ドームの補修と傍に立つマンション、中世の武家社会の鎌倉、弾圧と長い沈黙の中から再生しようとしている長崎の教会群は今回日本の暫定リストに登録された。一方、住民の必死の運動とイコモスの勧告にもかかわらず海が埋め立てられ橋がかけられようとしている鞆の浦。その他、全国で登録のため運動を推進しようとしているたくさんの人々。中にはただ観光目当てのところもあればこれ以上の規制はいやだとして反対運動を繰り広げている地域もある。これらプラスとマイナスの全部を含めて、点検は日本の町の将来を考えるうえで大きな刺激と手がかりになる。

本書はこういう意図から二〇〇七年一月に世界遺産の町「高野山」で開かれた市民シンポジウムの記録であり、そのテーマは「持続可能性」であった。

国民が世界遺産を構想する。とりあえず第一回シンポの結論は「美しいとは命が輝く」ということであり、これを守ることは永遠かつ普遍的な国民の権利と義務である、ということであった。

このような企画が今後日本のあらゆるところで、そしてまた近い将来に世界中のあらゆるところで開かれ、日本はもちろん世界中の町が美しくなっていく、というのが私たちの夢なのである。

二〇〇七年一〇月

編著者代表
法政大学教授
五十嵐　敬喜

私たちの世界遺産1 持続可能な美しい地域づくり

はじめに　3

■高野山宣言　8

巻頭論文
何故、今「世界遺産」なのか　五十嵐敬喜〈法政大学法学部教授〉　13
一　美しきもの　14
二　私たちと世界遺産　21
三　高野山シンポ　29

基調講演1
美しき日本の残像　World heritageとしての高野山　アレックス・カー〈東洋文化研究家〉　32
一　公共事業による景観破壊　33
二　モニュメントによる景観破壊　36
三　京都タワー・京都新駅舎が古い京都の景観を破壊　37
四　硬直した都市法システム　39

五　景観テクノロジー　41
六　観光立国による景観破壊　43
七　必要になってきた古い建物のリサイクル活用技術　46

基調講演2
世界遺産検証　世界遺産の意味と今後の発展方向
西村幸夫〈東京大学工学部教授〉　48
一　世界遺産とは何か　49
1　戦争からはじまった世界遺産　49
2　世界遺産とは世界が責任を持って護るべきもの　50
3　世界遺産が直面している問題とあたらしい考え方　55
4　個性豊かな遺産の側面　62
二　日本の暫定リストの問題と取り巻く環境　68
1　現在までの経過と新たな流れ　68
2　日本の暫定リストを取り巻く環境　71
3　世界に対するアピールと地域の再評価　77

論究1
世界遺産としての高野山　―宗教環境都市と景観―
後藤太栄〈高野町長〉　80

論究2
世界遺産をどうやって持続させるか？
五十嵐敬喜　86

パネルディスカッション
持続可能な美しい地域づくり　98
原爆ドーム　世界遺産化の経緯と景観問題
杉本俊多〈広島大学大学院教授〉　100
世界遺産登録準備進行中「武家の古都」鎌倉
玉林美男〈鎌倉市世界遺産登録推進担当〉　110
暫定リストに記載　長崎の教会群とキリスト教関連遺産
鉄川　進〈長崎の教会群を世界遺産にする会〉　119
鞆の浦の文化的景観保存運動
松居秀子〈NPO法人鞆まちづくり工房 代表理事〉　127
解消したい「世界遺産」についての「誤解」
後藤太栄〈高野町長〉　135
最後に一言　141
■閉会にあたって　わたしたちのいのちを宇宙のいのちと自覚できて～
生井智紹〈高野山大学学長〉　148
資料　日本における世界遺産〈候補地含む〉の現状と課題　151
あとがき　210

■高野山宣言

世界遺産を創り持続させるために

今、私たちは高野山の山上に立っている。この地は、今から千二百年前に空海によって開かれた真言密教の一大聖地である。爾来、この地はさまざまな苦難を乗り越えながら空海の夢を具現化した山岳宗教都市として持続し発展してきた。

高野山は、日本人の魂のふる里ともいうべき祈りの霊場であり、二〇〇四年七月、吉野、熊野とともにユネスコ世界遺産「紀伊山地の霊場と参詣道」として登録され、世界人類に共通する普遍性を持つ場所となった。

日本には、既に幾つかの世界遺産登録地があり、さらに多くの地で登録を申請しようとしている。それは、それぞれの地域で、地域にプライドを持ち、また日本の近未来に希望を与えるものとして大いに推奨されるべきことである。しかし、これらの地（さらに登録申請に至らない地域）でも幾多の危機を抱え、それらが顕在化するようになってきていることも事実であり、このまま放置すればドイツのケルン大聖堂（危機遺産。但し、二〇〇六年解除）のような重大な事態に至ることが予想される。

このような問題意識を共有する私たちは、二〇〇七年一月二六日、ここ高野山に集まり、改めて「ユネスコ世界遺産の精神・価値・意味」について同意、承認するとともに、登録地の維持保全及びそれ以外の地域での世界遺産の創造に関する問題点について互いに胸襟を開いて意見交換を行った。

その結果、この語らいの中から

1　私たちは、世界遺産に登録される栄誉と光栄を思いつつも、登録地には「維持・保全」という重大なる責任が伴うものであることを自覚し、世界に二つとない人類普遍の価値ある「自然・文化・複合」遺産を、私たちの世代を越えて、この地上に人類の命ある限り、一〇〇〇年も一〇〇〇〇年も未来永劫にわたって「持続」させる義務があること

2　「持続」を展望するに当たっては、それぞれの地域ごとに近代の開発に伴う「病根」あるいは「塵」とでもいうべき「中央集権」「経済優先」「市民の無関心の増大」「大都市と地方都市・農村の格差の拡大」といった制度・意識・風潮などが障害となり

つつあること

3　世界遺産の登録及び招致活動において、地域住民不在のまま「経済対策」や「商業観光」として、これを利用しようとする安易な傾向が見られる。また地域住民の方でもこれらの活動に対して、ただ「規制が強化される」「観光地化される」といっただけの反発が見られること

4　これに対して、特に政府・自治体などが「美しい日本」というスローガンのもと、「景観法」や「都市計画」を制定・実施するなどして、これまでの「成長」一本やりの政策に若干の修正を施そうとしていること

5　市民みずからも、美しい国は「すぐれた造形物や自然」はもちろん、それだけでなく、それを創り出した精神あるいはそれらを今日まで持続させてきた生活（歴史・風習・慣習・技術など）のありようの全体が、まさに普遍的価値であること認識し、学習し、一つ一つ問題を解決するために、過度の開発に対する反対、現代的な価値の付与のためのさまざまな創作活動などを始めつつあること

を確認した。

しかし、これらの活動によっても直ちに危機が解消されるという

わけではない。むしろ、反対に「世界遺産の持続と新たな創造」の障害となる不安要因が充満し、これらの成果を一瞬にして無為にしてしまう可能性もある。

ここ、高野山の山上において、私たちは政府・自治体の取り組みだけでは世界遺産の価値を継続することは限界があるということを自覚し、何よりもその「価値の享受者」である国民全体（個人・地域・日本・世界のすべての人々）が「価値の持続」に自発的にかかわることによってのみ保障されるものであるべきことを確信した。

今後、私たちは、ここに集まった人々の知恵と過去の経験をもとに、これを日本及び世界の人々と共有すべく、それぞれの地域でそれぞれの方法で「主体者」となって取り組むことを、ここ、高野山壇上伽藍の鐘楼の鐘に思いを込めて宣言する。

二〇〇七年一月二六日

世界遺産フォーラムイン高野山
参加者一同

巻頭論文

何故、今「世界遺産」なのか

五十嵐《いがらし》 敬喜《たかよし》〈法政大学法学部教授〉

「世界遺産」という言葉は、最近、かなり日常生活に浸透してきた。法隆寺や日光の社寺、あるいは屋久島や白神山地が世界遺産に登録されたというような話はほとんどの日本人が知っている。しかし知っているという言葉のなかにもいろいろなレベルがある。観光客としてそこに行き見たことがあるというような人。自分の町も「観光振興」のためぜひ世界遺産に登録したいと運動している人。世界遺産を目標に掲げることによってその価値を貶めるような周辺開発を阻止しようとする人。これらは積極的なかかわりをもつ人たちだが、多くの人は具体的なイメージはなく情報として知って

【プロフィール】
1944年山形県生まれ。1965年早稲田大学法学部法律学科卒業。同大４年在学中に司法試験に合格し、1968年弁護士登録。1995年から法政大学法学部教授。専攻は都市政策、公共事業論、立法学。不当な建築や都市計画による被害者の弁護活動に携わる一方、これまでの公共事業のあり方を批判した。また「美の条例」（神奈川県真鶴町）制定に尽力するなど、美しい都市を創る権利の確立を訴えている。これまでに公共事業や都市計画の専門家として数多くの研究があり、近年は「市民の憲法研究会」を主宰して、国民主権の原理に立つ憲法の新たなあり方を提唱している。

いるというようなものだろう。最近は島根県大田市の「石見銀山遺跡」という日常的にはあまり聞きなれないような場所が新しく世界遺産に登録されたこと、あるいはこの世界遺産に登録されるための準備段階である「日本国内の暫定リスト」に、鎌倉や平泉などという日本ではある意味で定番中の定番であるところだけでなく、日本のシンボルである「富士山」や群馬県の「富岡製糸場」などというところが選ばれたなどという報道に接すると、今まではるか遠いところにあった世界遺産が、思いがけずにグッと身近なものになるのである。では世界遺産とは何か。又何故それが私たちの生活にとって重要なのか。

一　美しきもの

1　日本の制度

日本にも世界遺産に似たような制度がある。もっといえば、世界遺産はこれら日本法の頂点にある。これはどういうことか。まず日本の制度から見ておこう。

図1は、「文化財」という観点から「貴重なもの」を保護しようという制度一覧である。これは大きく言って、物それ自体に着目した「有形文化財」（建造物、絵画、彫刻、工芸品、書跡、典籍、古文書その他の有形の文化的所産で我が国にとって歴史上又は芸術上価値の高いもの並びに考古資料及びその他の学術上価値の高い歴史資料）と、物それ自体ではない「無形文化財」（演劇、音楽、工芸技術その他の無形の文化的所産で我が国にとって歴史上又は芸術上価値の高いもの）、あるいは有形無形を問わず民俗的価値をもつ「民俗文化財」（衣食住、生業、信仰、年中行事等に関する風俗慣習、民俗芸能、民俗技術及びこれらに用いられる衣服、器具、家屋その他の物件で我が国民の生活の推移の理解のため欠くことのできないもの）、ある種モニュメンタルなものに着眼した「記念物」（貝づか、古墳、都城跡、城跡、旧宅その他の遺跡で我が国にとって歴史上又は学術上価値の高いもの、庭園、橋梁、峡谷、海浜、山岳その他の名勝地で我が国にとって芸術上又は観賞上価値の高いもの並びに動物、植物及び地質鉱物で我が国にとって学術上価値の高いもの）とに分けられる。しかしそれだけではなくさらに個別の物や価値だけでなく「町」に着目した「伝統的建造物群」（周囲の環

図１　文化財保護の体系（文化庁資料）

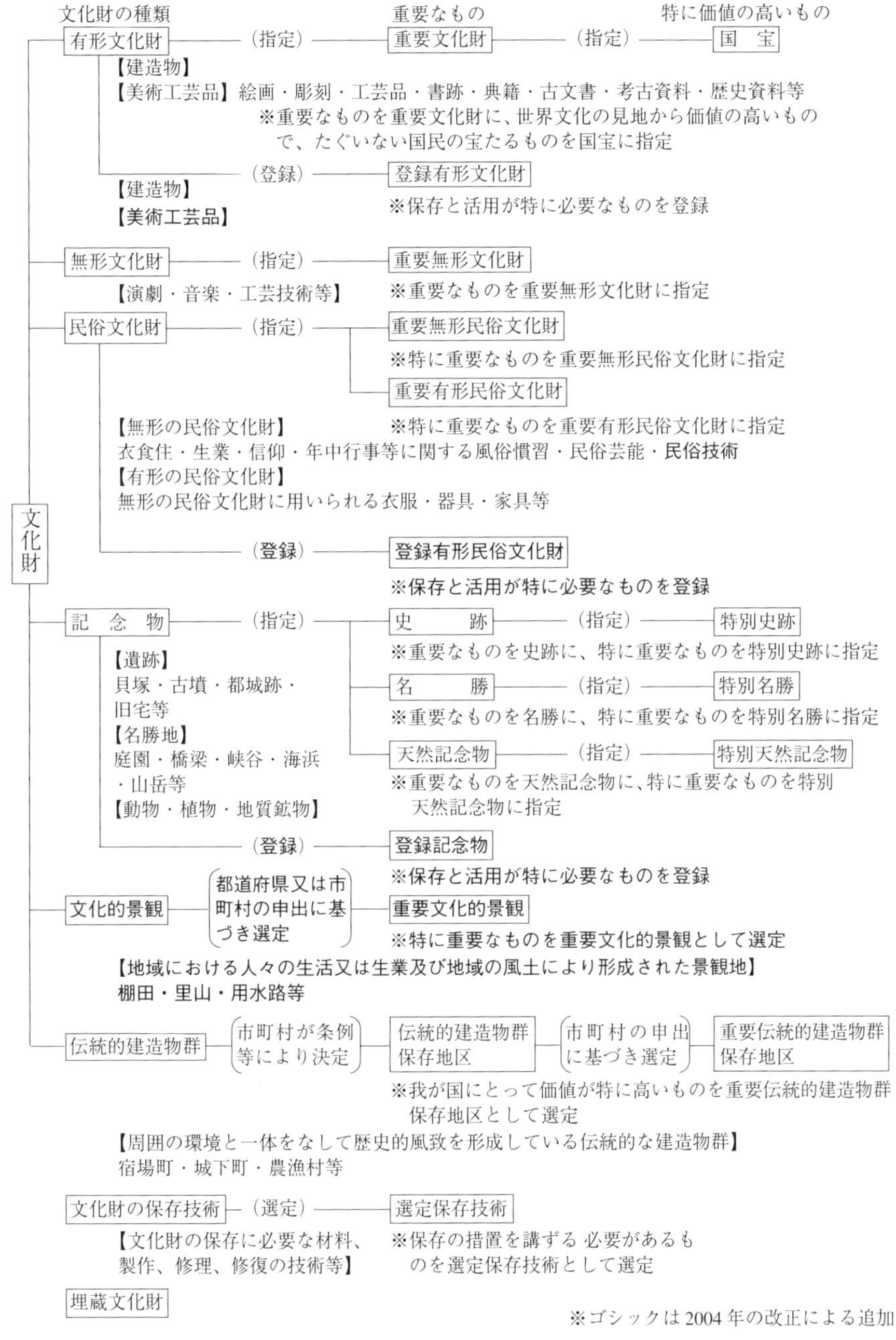

境と一体をなして歴史的風致を形成している伝統的な建造物群で価値の高いもの）、そして最近は「文化的景観」（地域における人々の生活又は生業及び当該地域の風土により形成された景観地で我が国民の生活又は生業の理解のため欠くことのできないもの）も「文化財」とされるようになった。

まずここではこのように文化財とされるものには多種多様なものがあることを確認し、これらを総称して「美しきもの」としておこう。これら美しきものは国民的に維持・保全されるべきだというのが文化財保護法の趣旨である。

もう一つ注意しなければならないのは、このように多種多様なものがあるということだけでなく、美しきもののなかにも、例えば有形文化財で言えば、「国宝」「重要文化財」（国指定）「登録文化財」「それ以外の文化財」というようなランキングがある、即ち美しさの中にも優劣があるということも確認しておきたい。なおこのランキングの最高峰にある国宝と重要文化財を見ると、

「①文部科学大臣は、有形文化財のうち重要なものを重要文化財に指定することができる。②文部科学大臣は、重要文化財のうち世界文化の見地から価値の高いもので、たぐいない国民の宝たるものを国宝に指定することができる」（文化財保護法27条）となっていた。つまり重要文化財の指定を受けたものの中からさらに優れたものを国宝に指定するというのである。

しかし、美しきものはこれだけではない。国宝、重要文化財などというのはどちらかといえば古きものであり、しかもそれらは仏像・寺院などに見られるように個別的なものである。このような古きものを保護しようとしている文化財保護法とは別に、たとえば景観法にいう「景観地区」（市町村が都市計画区域又は準都市計画区域内の土地の区域について、市街地の良好な景観の形成を図るため、都市計画に定める地区。当該地区内では建築物の形態意匠などが制限される）のように、人々が現実に居住し生活している日常的な空間についても守るべき美しきものがあるということを確認し保護していこうという制度がある（景観法の景観地区のうち文部科学省令で定める基準に照らして保存のため必要な措置が講じられ特に重要なものは、都道府県又は市町村の申出に基づいて文部科学大臣が重要文化的景観として選定できる）。そしてこれら日常生活の美は、景観法だけでなく「都市計画法」による高さや用途の制限などによってカバーされるのである。多くの国民にとって世界遺

産はもちろん文化財などといってもまだまだ縁遠いが、都市計画というと一挙に日常生活そのものとなる。都市計画はそれこそ日本中の都市で指定されているからである。

2 世界遺産と美の基準

世界遺産というのは、これら日本で保護されている美しきもののうち、さらに世界的水準から見ても「美しきもの」を選び、これを「永久に」保存していこうというものであり、いわば美の頂点にあるものといえよう。

ちなみに、どういう

表1　世界遺産の登録基準

文化遺産（顕著な普遍的価値をもつ記念工作物、建造物群、遺跡）	1　人類の創造的才能を表す傑作であること 2　ある期間、あるいは世界のある文化圏において、建築物、技術、記念碑、都市計画、景観設計の発展において人類の価値の重要な交流を示していること 3　現存する、あるいはすでに消滅してしまった文化的伝統や文明に関する独特な、あるいは稀な証拠を示していること 4　人類の歴史の重要な段階を物語る建築様式、あるいは建築的または技術的な集合体、あるいは景観に関する優れた見本であること 5　ある文化（または複数の文化）を特徴づけるような人類の伝統的集落や土地利用の優れた例であること。特に抗しきれない歴史の流れによって存在が危うくなっている場合 6　顕著で普遍的な価値をもつ出来事、生きた伝統、思想、信仰、芸術的作品、あるいは文学的作品と直接的または明白な関連があること（ただし、きわめて例外的な場合で、かつ他の基準と関連する場合のみ適応）
自然遺産（無生物、生物の生成物などから成る特徴のある自然の地域、地形・地質学的形成物、脅威にさらされている動植物の生息地・自生地、自然の風景地などで顕著な普遍的価値をもつもの）	7．類例を見ない自然美および美的要素をもった自然現象、あるいは地域を含むこと 8．生命進化の記録、地形形成において進行しつつある重要な地質学的過程、あるいは重要な地形学的、自然地理学的特徴を含む、地球の歴史の主要な段階を代表する顕著な例であること 9．陸上、淡水域、沿岸および海洋の生態系、動植物群集の進化や発展において、進行しつつある重要な生態学的・生物学的過程を代表する顕著な例であること 10．学術上、あるいは保全上の観点から見て、顕著で普遍的な価値をもつ、絶滅のおそれのある種を含む、生物の多様性の野生状態における保全にとって、もっとも重要な自然の生息・生育地を含むこと
複合遺産（文化遺産と自然遺産の両者の要素を合わせ持つもの）	

ものがあり、どのような基準で頂点が選ばれるかというと、**表1**のようになっている。

世界遺産は文化遺産、自然遺産および複合遺産に分けられる。

世界遺産に登録されるには、①国が世界遺産条約を締結していること、②国の法律で確実に保護されていること、③完全性（世界遺産の価値を構成する必要な要素がすべて含まれ、長期的保護制度が確立されていること）、真正性（文化遺産の場合、建造物や遺跡が本来の芸術的歴史的価値を保っていること）があることを前提として、**表1**の10の基準のいずれか一つ以上にあてはまらなければならない。

それでは過去どのような地域が世界遺産になっているかをみてみよう。

一九七二年一一月の第17回ユネスコ総会で「世界遺産条約」（「世界の文化遺産および自然遺産の保護に関する条約」）が満場一致で採択された。この世界遺産条約は一九七三年にアメリカ合衆国が最初に批准し、20か国が条約締結した一九七五年に正式に発効した。そして一九七八年、アメリカのイエローストーン国立公園やエクアドルのガラパゴス諸島など12件（文化遺産8件、自然遺産4件）が最初に世界遺産リストに登録された。なお日本は一九九二年六月に国会承認が得られ、同年九月に正式に加盟が認められた。

一九七八年、世界で最初に登録された世界遺産は**表2**の通りである。

そして日本では、**表3**の物件がすでに登録されている。そして、次の登録のためのいわば、予備軍（暫定リスト）として**表4**の遺産があげられ、全国各地でこの暫定リスト入り、さらには世界

表2　1978年最初に登録された12の世界遺産

物件名	国	種類
シミエン国立公園	エチオピア連邦民主共和国	自然遺産
ラリベラの岩の教会	エチオピア連邦民主共和国	文化遺産
ゴレ島	セネガル共和国	文化遺産
メサ・ヴェルデ国立公園	アメリカ合衆国	文化遺産
イエローストーン国立公園	アメリカ合衆国	自然遺産
ランゾー・メドーズ国立史跡	カナダ	文化遺産
ナハニ国立公園	カナダ	自然遺産
アーヘン大聖堂	ドイツ連邦共和国	文化遺産
クラクフの歴史地区	ポーランド共和国	文化遺産
ヴィエリチカ塩坑	ポーランド共和国	文化遺産
ガラパゴス諸島	エクアドル共和国	自然遺産
キト市街	エクアドル共和国	文化遺産

表 3　日本の世界遺産

登録年（委員会回数）	委員会開催地	登録物件
1993 年（第 17 回）	カルタヘナ（コロンビア）	法隆寺地域の仏教建造物群、姫路城、屋久島、白神山地
1994 年（第 18 回）	プーケット（タイ）	古都京都の文化財
1995 年（第 19 回）	ベルリン（ドイツ）	白川郷と五箇山の合掌造り集落
1996 年（第 20 回）	メリダ（メキシコ）	原爆ドーム、厳島神社
1998 年（第 22 回）	京都（日本）	古都奈良の文化財
1999 年（第 23 回）	マラケシュ（モロッコ）	日光の社寺
2000 年（第 24 回）	ケアンズ（オーストラリア）	琉球王国のグスク及び関連遺産群
2004 年（第 28 回）	蘇州（中国）	紀伊山地の霊場と参詣道
2005 年（第 29 回）	ダーバン（南アフリカ）	知床
2007 年（第 31 回）	クライスト・チャーチ（ニュージーランド）	石見銀山遺跡とその文化的景観

表 4　日本国内の世界遺産暫定リスト

登録年	登録物件	種類
1992 年	彦根城	文化遺産
1992 年	古都鎌倉の寺院・寺社ほか	文化遺産
2001 年	平泉・浄土思想を基調とする文化的景観	文化遺産
2007 年	小笠原諸島	自然遺産
2007 年	飛鳥・藤原の宮都とその関連資産群	文化遺産
2007 年	富士山	文化遺産
2007 年	富岡製糸場と絹産業遺産群	文化遺産
2007 年	長崎の教会群とキリスト教関連遺産	文化遺産

遺産登録をめぐって運動中という状態にある。

3　何故、美しきものは世界遺産として保護されなければならないか。その目的が端的に「世界遺産条約」の前文に示されている。

それは、「文化遺産及び自然遺産が、衰亡という在来の原因によるのみでなく、一層深刻な損傷又は破壊という現象を伴って事態を悪化させている社会的及び経済的状況の変化によっても、ますます破壊の脅威にさらされている」からにほかならない。そしてその結果は「世界のすべての国民の遺産の憂うべき貧困化を意味する」からである。なお、この破壊は当然のことながら自然現象によっても生ずるが、人為的なもので最大のものは「戦争」であり、美しきものを保護していくということは平和を守るということでもある。

確かに「平和あるいは戦争」は、最も大きくいえば「国家」そのものの問題であり（最近は「テロ戦争」という言葉にみられるように、必ずしも「国家」を介さない戦争も生まれるようになったが、ここではふれない）、直ちに国民・個人の問題というわけではない。しかし、国民主権が世界的に位置づけられる現在では、国家はそもそも国民のものであり、国土は地域と地域の集合体に他ならない。国家と国民、国土と地域には一定の関係があり、美しきものの保存を通しての「平和」の確保も、今や、これをばらばらにして考えることはできなくなっている。

これをもっとストレートにいえば、私たち国民はとりあえずまずは自分の住む地域に最大の関心を寄せ、全国各地で当該地域の美しきものを守る、新たに創りだす、あるいは維持する、破壊から守る、というような行為を連続させることによって、日本だけでなく世界の「平和」を守っていく、ということであろう。

このような文脈で世界遺産というものを考えてみると、それはまさしくそのような「もの」や「価値」をシンボルにして、それらを維持し保護し、あるいはあらためて創造していく全世界の人々の日常的な行為とその未来永劫の継続が、「平和」を守るために必要であり、その意味で世界遺産はまさしく私たちのものなのであるということがわかる。

二　私たちと世界遺産

　さてそれでは、人々は自分の住む地域に関心があるか。これは現代日本で、もっと言えば、成熟した都市の中で生きている私たちにとってもっとも根源的な問いである。この点を理解するにあたって、まず人々は他者に依存しなければ生活できないということを確認しておこう。当初この他者は、「農村」をイメージすればわかるようにまずは家族であり、ついで隣近所そして村や町であった。依存の内容も農業生産はもちろん、ライフラインといわれる電気・ガス・水道の確保、ちょっとしたお手伝い、病人や子供の世話から祭りなどの地域の行事の主催など日常のほとんどに及び、それを地域のコミュニティが担い、実施してきたのである。しかしこの他者依存は生活空間が都市化し、さらにはこの都市が成熟すればするほど、変質していく。生産は消費に、命のインフラは大企業や自治体に、福祉や医療あるいは教育なども施設・病院・学校などに代行される。そして、それぞれの生活から地域というものがなくなり、さらには家族すら、その結束が危ぶまれるようになったのである。早い話、大都市では、人は地域とまったくはなれて生活することができる。それこそ隣は何をする人ぞ、でありこの現象はいまや大都市だけでなく、地方都市から農村まで拡大しつつあるのである。このようにばらばらに解体されつつある人々を辛うじて束ねているのが村や町、市といった自治体であるが、この自治体も地域住民と密接な関係を保っているところから、東京都のようにほとんど切れてしまっているところまで、それこそ多様、というのが現代の現象といえるであろう。その中であえて、人々は自分の住む地域に関心があるか、あるいは関心を呼び起こすためにはどうしたらよいか、という問題を立てるなら、以下のような文脈をたどるであろう。

1　人は誰でも美しい地域に住みたいと願っている。これは生物としての本能である。

　この本能は人が人である限り、またいくら成熟した都市国家になっても、変わらない。交通や情報が発達すればするほど、人々は他と比較することができるようになり、比較すれば自分の位置がわかり、よりよきものを求めようとするのである。別な言い方をすれば、それこそ人は生まれた以上必ず死ぬのであり、この死を基点としてみれば、死に方を含めてより美しきところで死にたいと願うのはおよそ生物としての人間の本能だといってよいのである。

しかし、そうは願っても美しい地域はひとりでに出来上がるわけではなく、又美しきものも、戦争、開発あるいは経年変化によって破壊、損傷されていく。人はその本能を充足させたいと思えば、「他」に対して働きかけなければならないのである。もちろん、その働きかけは地域、歴史、時代、文化等を反映してそれぞれ独自で個性的である。

2　それでは人はどういう場合に「他」に働きかけるか。

権力や宗教が絶対的な力を失った今日では、その働きかけはまず死以前に、そうすることが日常の「幸福」と結びつく、と感じられるときである。言い換えれば美しき方法や場所で死にたいというのはこの現世の幸せの延長上にあるのである。精神的な満足感、経済的充足、自己及び家族の安全や安心、そして地位や立場、身分などの向上。それは人さまざまであろう。そして「世界遺産」を見ると、おそらくその創造の契機は、たとえば権力者や宗教家などの命令であったとしても、究極的にはすべてそれが庶民（国民）のあらゆる意味での幸福と合致したときに、そのような美しきものが出現し、また維持されてきたということがわかる。先に見た日本の法隆寺、京都の文化財、姫路城、日光の社寺、紀伊山地の霊場と参詣道などなど。これらはいずれもそれぞれの壮大な物語のもと、これを実現しようとした権力・宗教のもとで一方で庶民は奴隷のようにこき使われ、過酷な徴税を受けたということがあったとしても、それでもなおそれらを創るという意思が多くの人によって共有され、かつすばらしい技術と結びつき、それを維持することが誇り高いものだと観念されることによってそれが創られ今日まで存続されてきた、といえるであろう。これは文化遺産だけでなく、屋久島や白神山地の原生林のような自然遺産についても、人は決してそこに立ち入らなかったという消極的な行為を通して、このような働きかけが認められるのである。ここにはまぎれもなく、人々のさまざまな

「幸福」感の中でも究極の幸福の形がある。美しきものを求めるということは、幸福なことなのであり、普遍的なものなのである。

そしてそこに働きかける、という動機付けが論証できるのである。

3　にもかかわらず、日本に限らず世界中、一方でこのような普遍的な原理が承認されつつ、戦争をはじめとして次々とこれに反する「破壊」行為が行われるのはなぜであろうか。

アフガン、イラク、あるいは中国では、それぞれタリバンの破壊行為、アメリカの戦争、そして毛沢東の文化大革命などによって、世界遺産クラスの美しきものが破壊された。このような戦争やテロだけでなく、アンコールワットなど遷都や放置などの経年変化によって失われた遺産も多い。また、ケルン大聖堂[1]や広島の原爆ドームのように、それ自体には変化はないが、その周辺にこれを邪魔する建造物が建てられ、せっかくの美しきものがその価値を失うというようなこともある。表5はそれらの代表的な例である。

さらにいえば、特に日本で顕著であるが、道路や埋め立て、橋やマンションなどの建設行為によって、美しきものが破壊されていくという日常的な風景、実態もある。これは、それぞれの立場、国家・自治体、企業あるいは市民、それぞれの開発目的、公共性（多くの人の便益と少数者の不利益）や営利（会社と地域全体の経済の向上）の種類、程度、さらにはそれぞれの質と量などによって「幸福」の価値観が分裂し葛藤していることを表している。総じていえば、敗戦後高度「経済」成長を目指した日本は、世界有数の経済大国になった今でも、圧倒的に多くの人が利便性や機能性などを名目にした公共事業や営利事業に偏した「経済」の成長に期待をかけ、これを阻害するような環境や安全や安心などを含む美しきもの一切を軽視してきたといってよいのである。

4　もう一つ、このような価値観の優位の結果、日本全土を覆っているある種の困難とその転換についてみておかなければならない。

第1は、昭和三〇年代以降のここ五〇年くらい

1　ケルン大聖堂は2004年に近隣の高層ビルの建設による都市景観の完全性の喪失などの理由から危機遺産に登録されたが、建設計画の縮小をケルン当局が決定したことが周辺の管理の改善につながったとして2006年に危機遺産から解除された。

表5　危機にさらされている世界遺産リスト

物件名	国	遺産の種類	理由	世界遺産登録年	危機遺産登録年
シミエン国立公園	エチオピア連邦民主共和国	自然遺産	密猟、耕作地の拡張による自然生態系の破壊	1978年	1996年
ニンバ山厳正自然保護区	ギニア共和国とコートジボワール共和国	自然遺産	鉄鉱山開発や難民流入	1981,2年	1992年
コモエ国立公園	コートジボワール共和国	自然遺産	密猟、大規模な牧畜、管理の不在	1983年	2003年
ヴィルンガ国立公園	コンゴ民主共和国	自然遺産	難民流入、密猟など	1979年	1994年
ガランバ国立公園	コンゴ民主共和国	自然遺産	密猟	1980年	1996年
カフジ・ビエガ国立公園	コンゴ民主共和国	自然遺産	密猟、難民流入、森林伐採	1980年	1997年
サロンガ国立公園	コンゴ民主共和国	自然遺産	密猟、住宅建設などの都市化	1984年	1999年
オカピ野生動物保護区	コンゴ民主共和国	自然遺産	森林伐採、密猟	1996年	1997年
キルワ・キシワーニとソンゴ・ムナラの遺跡	タンザニア連合共和国	文化遺産	管理体制の欠如	1981年	2004年
マノボ・グンダ・サンフローリス国立公園	中央アフリカ共和国	自然遺産	密猟	1988年	1997年
アイルとテネレの自然保護区	ニジェール共和国	自然遺産	武力紛争	1991年	1992年
アボメイの王宮	ベナン共和国	文化遺産	竜巻被害	1985年	1985年
ザビドの歴史都市	イエメン共和国	文化遺産	都市化、劣化、コンクリート建造物の増加	1993年	2000年
アッシュル(カルア・シルカ)	イラク共和国	文化遺産	大型ダム建設による水没危険、保護管理措置の欠如	2003年	2003年
アブ・ミナ	エジプト・アラブ共和国	文化遺産	土地改良に伴う溢水による崩壊危機	1979年	2001年
エルサレムの旧市街とその城壁	ヨルダン・ハシミテ王国	文化遺産	民族紛争による破壊の危険	1981年	1982年

ジャムのミナレットと考古学遺跡	アフガニスタン・イスラム国	文化遺産	戦乱、盗掘、浸水、道路計画	2002年	2002年
バーミヤン盆地の文化的景観と考古学遺跡	アフガニスタン・イスラム国	文化遺産	崩壊、劣化、略奪、盗掘	2003年	2003年
バムの文化的景観	イラン・イスラム共和国	文化遺産	地震による崩壊	2004年	2004年
マナス野生動物保護区	インド	自然遺産	少数民族の占拠、森林破壊	1985年	1992年
カトマンズ渓谷	ネパール王国	文化遺産	人口増加による都市開発の進行	1979年 2006年	2003年
ラホールの城塞とシャリマール庭園	パキスタン・イスラム共和国	文化遺産	外壁の劣化	1981年	2000年
コルディリェラ山脈の棚田	フィリピン共和国	文化遺産	総合管理の欠如	1995年	2001年
シルヴァン・シャフ・ハーンの宮殿と乙女の塔がある城塞都市バクー	アゼルバイジャン共和国	文化遺産	大地震による損壊、都市開発、保護政策の欠如	2000年	2003年
エバーグレーズ国立公園	アメリカ合衆国	自然遺産	農業開発による水質汚染	1979年	1993年
コソヴォの中世の記念物群	セルビア共和国	文化遺産	政治的不安定による管理と保存の困難	2004,6年	2006年
ドレスデンのエルベ渓谷	ドイツ連邦共和国	文化遺産	架橋計画よる文化的景観の完全性の損失	2004年	2006年
コロとその港	ヴェネズエラ・ボリバル共和国	文化遺産	豪雨被害	1993年	2005年
ハンバーストーンとサンタ・ラウラの硝石工場	チリ共和国	文化遺産	建物の脆弱性や地震の衝撃	2005年	2005年
チャン・チャン遺跡地域	ペルー共和国	文化遺産	風雨の侵食、盗掘	1986年	1986年
リオ・プラターノ生物圏保護区	ホンジュラス共和国	自然遺産	密猟	1982年	1996年

〈参考資料〉

世界遺産総合研究所編「世界遺産事典—830全物件プロフィール—2007改訂版」(シンクタンクせとうち総合研究機構 2006年)

講談社編「世界遺産なるほど地図帳」(講談社 2007年)

のわずかな期間に、日本国土全体のなかで、極端に東京一極集中が進み、過密（メガロポリス）と過疎（限界集落）という最も対極的な現象が生じ、はっきりしたということである。

これは一見もう是正の方法がない困難のように思える。しかし本当にそうだろうか。国も自治体もこれを「格差是正」の象徴として、新しい政策を開拓しようとするようになった。

第2は、いわゆる「少子・高齢化」によって、成長よりも安定、安全・安心を求めるといった価値観が優位になってきたということである。日本の年齢構成のなかで最大人口である「団塊の世代」は、定年により会社のなかでの幸福という価値観から地域あるいは家庭そして自分の真の幸福に目を向けようとしている。

第3は、環境問題の深刻さである。地球温暖化などの自然現象、貧困の増大などの社会現象などのすべては、個々人の生存や生活だけでなく、地球それ自体の存続の危機すら警告するようになってきた。これからは一人ひとりの人生もこの地球の存続と両立する範囲でしか成立しえない。環境容量の無限大を前提にした開発はありえなくなってきているのである。

これらの要因がさまざまにミックスされて、一方では「絶望感」が、他方ではそれに反発するかのように「良い環境・幸福」を求める傾向が強くなってきたのである。身近には「景観」、遠い延長には「世界遺産」が日常の暮らしの中で「視野」に入ってくるようになったと言ってもよいだろう。公共事業の拡大はもとより、市場と規制緩和の名の下、容積率の拡大による民間開発に狂奔して来た政府も、公共事業を削減し、容積率制と相反する「景観法」を制定せざるを得なくなったのはこの傾向を受け止めたからである。

5　世界遺産は日常そのものである

限りある命をできるだけ良い環境で暮らしたい。これは大きな潮流となりつつある。そこで、この点について世界遺産に関連して最後にもう一つ重要なことを確認しておきたい。それでは良い環境、最も広い意味での美しきものと人々はどのようにかかわっていくか、ということである。

世界遺産を復習しておきたい。時間軸で見れば、およそ世紀以前の南アフリカ共和国のスタークフォンテン、スワークランズ、クロムドラーイと周辺の人類化石遺跡などから、二〇世紀のブラジルの新首都ブラジリアなどまで、およそ世界遺産は「人類の歴史」すべてとかかわっている。対象をみると、文化遺産、自然遺産、複合遺産はすでに見た。最近はこれらの他に形のある「有形遺産」だけでなく、「口承及び無形遺産」も射程距離に入ってきている。またその範囲を見ると、ヨーロッパやアメリカ、中国といったいわゆる強い国だけでなく、登録件数は少ないもののアフリカのトーゴやマラウイ、あるいは中南米のコスタリカやスリナムなど全世界に及ぶ。本稿で特に留意したいのは、日本で世界遺産の暫定リストに入れられた富岡製糸場だけでなく、世界的にもポーランドのアウシュヴィッツ強制収容所や広島の原爆ドーム（負の遺産といわれる）、あるいはスペインのアントニオ・ガウディの作品群など一九世紀あるいは二〇世紀の建造物もすでに「世界遺産」として登録されているということである。これはある意味で世界遺産は古き良きものだけでなく、想像以上に身近なものだということを示唆するであろう。これは二一世紀の今でも将来の世界遺産を創ることができるのだということを示すものでもある。

今や、世界中の多くの人が世界遺産の身近なところで暮らすことができるようになった。誰でもちょっと想像力を発揮すれば、映像、文字、絵などでそれを見ることができ、少し前向きな姿勢を持って「現地」に行けば、それらに等身大の感覚で触れることができるのである。あなたは真実、宗教を含めた人類の最も偉大な想像力の産物に浸り、それを自分自身のものとして共有することができるのである。そしてそこから今後多分大きな営みが生み出されるであろう。

さらにこれをリアリティあるものとするために、自分の身近なところから、そのような美しきものを創るという作業に自ら参加してみるとよい。ごみを拾う、草花を植える、子供たちの通学の安全を守る、高齢者に木陰や休むためのベンチを作る。歩道を作り自転車が通れるようにする。庭を外からも見えるようにする。デッキやベランダを大きくとる。風通しがよいように一面に窓を創るなどなど。これらはほとんど費用がかからない。そしてこれらの作業の積み重ねの中から少し大きな地域のルールが作られる。最初は消極的な規制。たとえば建物の色は近所とあまり変ったものにしない、高さをそろえる、そして屋根などもできるだけ同じようにする。そしてこれを徐々にこの地域にふさわしい積極的なルールに発展させる。近くの神社の参道の整備。そこにはその町にふさわしい街路樹を植える。ぽつんぽつんと残っている蔵の補修とギャラリー、喫茶店、図書館などへの改造、といった積極利用。蓋を閉められて暗渠になり、今は見えなくなった水路の復活。岸辺には樹木を植え川には魚を放したい。そして坂。少子・高齢化社会では当然だが自動車の効用も見なおされる。自動車用に作られたアスファルト舗装の坂を脇に身体障害者用のゆっくりしたスロープのついた階段の坂に変えてみよう。それは従来ほとんどふりむきもしなかった町の景色を一新させる。さらには大きな広場。それを取り巻くしゃれた店舗やレストラン・ホテル。町の中心には、これまで郊外に隔離された老人施設や、各種学校などをふたたび戻したい。ここでは地域特産の農産物の朝市、あるいはこの地域の歴史や伝統を伝えるさまざまなイベントがおこなわれ、技術が伝えられる。

やがてこのような市民の動きは当然、企業に対しても大きなインパクトを与える。企業もバブル崩壊以降それぞれの苦難を乗り越えてあらゆるレベルでその行動を変化させている。都市や建築について言えば、そのターゲットである消費者に向けて販売のためのあらゆる努力を行ってきた。これまでその商品化の行き着く先は、全国どこでも同じような画一的な高いマンションである。そのマンションの商品化の条件はできるだけ環境のよいところにあるということであり、その最大の売りは「眺望」が良いということであった。しかし、この論理にはそのマンションがそれまであった周りの良い環境を破壊しているという背理がある。このままではいずれ環境は食いつぶされる。高い建物と高い建物同士間の眺望権争いはその象徴であろう。このような行き詰まりのなかで、仮にその消費者が先に見た消極・積極のルールに基づいた商品しか買わないということを宣言したら、企業もそれに向けて一斉に動く可能性があるのである。現代では企業のパワーはそれこそかっての権力者や宗教者にも勝るとも劣らない偉大な力を発揮するかもしれないのである。現代の消費者の意識の高まりは、賞味期限の隠蔽や異物の混入から始まるさまざまな企業のコンプライアンス欠如の行動が、かつては全く考えられなかったことだが、それが発覚した途端に企業の存続に深刻な影響をもたらすことになるということを常識にしたのである。これまでは悪貨が良貨を駆逐してきた。しかし今後は良貨が悪貨を駆逐するようになる可能性もある。

こうして地域はこれまで思いもつかなかった「景観地区」を作り出すことができるのであり、それは時間や創意・工夫を付け加えることによって、景観地区からさらに伝統的建築物群へ「昇格」していくかもしれない。人々は美しい環境の中に住むことでより「幸福」感を得られるのであり、美しさのレベルの上昇は幸福感をより増加させるであろう。これまで日本では土地の値段と環境のよさは一致せず、地価はもっぱら容積率の高さだけで決められてきた。しかし将来は外国の都市と同じように、地価と環境は一致していくようになるかもしれない。資本主義社会では「経済」は「幸福」の中の重大な要素である。

そしてさらに世界遺産へ。これは何もいわゆる上昇気流に乗っていけばいくほど良いというようなことを言っているのではない。美しきものにもランクがあるのであり、下位から上位へというような目標を持つことは、今行っている周辺環境への働きかけを充実させる。もちろん、すでに世界遺産になっているところや、その他の地域でも、その維持や保護に影響力を与えるであろう。京都では世界遺産の都市を守るために厳しい高さ制限を定めた。これはその一例である。「高さ制限」は、幸福感でいえば、美しきもの、あるいは平和を守っているということが金銭的価値よりも上位の価値であり、それは未来永劫この都市に住むことの誇りを人々に与える、ということを明示的に象徴しているのである。

三　高野山シンポ

世界遺産「紀伊山地の霊場と参詣道」の一つにある高野山は、一二〇〇年前の空海入山以来、人里はなれた真言密教の厳しい修行の場として「山規」という高野山独特のルールのもとに、僧侶たちの修行が続けられてきた。一九〇六年に「山規」の中核中の中核であるいわゆる「女人禁制」が解かれて以来、ここには、僧侶たちとともに、参道の内部に普通の市民も住むことができるようになる。それに伴い寺院とその関連施設だけでなく都市生活に必要なあらゆる施設、役場、学校、病院、消防署などの公的施設が作られ、商店、材木店、床屋さんなどが立ち並ぶようになってきた。ここは一時人口一万人を超す賑わいを持ち、町は世界に類例のない山岳宗教都市として永遠にその美しさを保持するかのように見えた。しかしここにもある種の危機が訪れる。危機は一九六〇年頃を境にして人口減が続くようになり、今やその数は二〇〇五年六月三〇日現在で四四〇五人まで減少したという事実に端的にあらわれている。修行・教育の拠点であった大学は寂れるばかりであり、学生の減少は町から活気や経済を奪った。その理由として、ここではその土地がすべて金剛峯寺が所有する「総有」に近い状態になっていて、市民は新しく家を建てるなどの際に資本投下がしにくい、というようなこの町特有の要因もあるが、それ以上に少子・高齢化という全国の山村が抱える「過疎化」の問題を指摘しなければならない。

こうしたなかで、世界遺産に登録された美しい宗教景観を含むこの町全体をどのようにして維持し保全していくかが、高野山の町づくりの中心的課題になっている。そして振り返って日本の美しい都市を点検してみると、すでに世界遺産に登録されている地域、あるいは暫定リストに登録されている地域、さらには新たに登録を希望している地域でそれぞれ大きな課題を抱えていることがわかってきた。大きくは過密と過疎。自立のためのアイデンティティの喪失、美の混乱、押し寄せる開発、市民の無関心、経済的貧困、高齢化などなど、先に見た日本の悪の構図が凝縮し、いまや、崩壊寸前というような状況すら見えるのである。こうした中で過去一〇〇〇年以上も前から継続されてきた地域の遺産を、私たちはどのように受け止め、またこれを未来に引き継いでいくか、深刻かつ重要な課題となっている。そしてこの課題は何も世界遺産に関わる地域だけでなく、美しい都市で安心して死にたいと望む多くの人に共通する課題でもあるのだ。

そこで、この問題について、それぞれの立場から長年この美しきものにかかわってきた、東洋文化研究家アレックス・カー、東京大学教授　西村幸夫、法政大学教授　五十嵐敬喜がアイデアをつくり、高野町長後藤太栄　高野山大学学長　生井智紹の賛同のもとこのシンポジウムを開催することにしたのである。

タイトルは「持続可能な美しい地域づくり」であり、その結論は、「美しい地域」は国や自治体だけでなく、何よりも市民が主体とならなければ維持し創造させていくことができない、というものである。これまで世界遺産についてだけでも、何種類ものシンポジウムなどが開催されてきた。地域づくりに広げるとそれこそ無数である。しかし、世界遺産をメーンにして市民が美を創り上げる、として行われるのはそう多くはない。多分、日本ではこれが初めてであろう。

なお、今後、この美しい地域づくりのために、このようなシンポジウム、情報交流や啓蒙活動、国や自治体政策への参加、その他さまざまな実践が、世界遺産に関係する地域ではもちろんそれ以外の地域でも、また日本だけでなく世界中で、繰りひろげられることによって、美しい地域が持続され、又新しく創られていく、というのが私たちの願いであり希望なのである。

（二〇〇七年一〇月）

基調講演1

美しき日本の残像 World heritage としての高野山

アレックス・カー〈東洋文化研究家〉

ご紹介いただきまして、ありがとうございます。

私にとって、今日は非常にうれしい日となりました。実は十年ほど前、私はこの高野山について一文を書きましたが、その内容の故に、私はすでにブラックリストに載り、二度と高野山には来られないのではないかと心配していたのです。リフト乗り場には指名手配の写真でも貼ってあるのではないかとさえ思いました。しかし幸いにもそれは杞憂に終わり、町長さんをはじめ今回のイベントの主催者からのご招待で十数年ぶりに高野山を訪れることができました。

皆さんは世界遺産の当事者として、日本の公共

【プロフィール】
1952年米国・メリーランド州生まれ。1974年エール大学日本学部卒業、日本学専攻で最優秀等学士号取得。日本、アメリカ、ヨーロッパ各地で日本と東アジア美術に関する通訳、文化コンサルタント、執筆、講演活動を行う。日本の正しい理解のための紹介活動は内外で高く評価されている。京都の町屋再生を行っている庵（いおり）株式会社会長。
著書「美しき日本の残像」（新潮社）で1994年新潮学術賞（外国人初）受賞。「犬と鬼」（講談社）2001年。

事業や、いわゆる文化都市開発の名のもとにもたらされた種々の問題に通じていらっしゃると思います。しかし今日は、今までの経過を皆様と共に振り返ってみたいと思います。

さて、世界遺産について、日本では欧米などとは異なった態度があるようです。一旦世界遺産に指定されると、後は遺産に対し何をしても良いとする傾向が見られます。しかし、世界遺産に指定されたということは、それを長く美しく守る義務、あるいはさらに美しく磨く義務が課せられているということです。また一方、これから日本の遺産が世界遺産のリストに載るためには、遺産がどれだけ美しく保持されているか、世界的な視野から見てどれほどの価値があるかという基準が必要です。さもなければ、世界遺産指定が一種の政治的な流れにとどまり、真の意味での世界遺産になりません。これは、皆さんの毎日の活動を通してよく御存じのことと思います。

一　公共事業による景観破壊

まず公共事業について、さっと振り返ってみましょう。私は数十年前に『美しき日本の残像』という本を出版しました。そのとき、私の胸の中にある疑問がわいてきました。

そのころ田舎をまわってみて、護岸工事や地震対策のための工事、そして道路工事により日本の景観がおかしくなっていることに気づきました。しかし、それは私の個人的な感覚でしかないのか、あるいは、日本が現代国家、経済大国になるためには少々犠牲を払う必要があり、景観の変化も仕方ない現象として認めるべきなのかという疑問です。私が現代的な考えをもっていないので、それを認められないでいるのか。

それで私は、この疑問を解くために七年近く研究してみました。その結果、最初に抱いた私の感覚の方が正しかったということがわかりました。そして数年まえ、『犬と鬼』という本を出し、この問題につき詳細にわたり論証しました。

日本の公共事業はアメリカ、ヨーロッパなどの十倍あるいは十数倍というレベルで行われています。例えば、国の予算に占める建設、公共事業を含めての建設の比率はアメリカの場合五%、ヨーロッパは七~八%、日本は正式には四〇%、実質は五〇%です。国の予算の約半分です。これは、けた外れの数字です。コンクリートの占める量にして

【アレックス・カー氏　インタビュー】

Ｑ１　日本の景観破壊の原因は何であると考えますか？

Ａ１　いろいろ考えられますが、その原因の根底にあるのは一般市民の景観に対する関心の低さだと思います。

日本では戦後一貫して、社会のインフラや公共事業が中心に国土が整備されたため、人々は自分の身のまわりの景観美に無関心になりました。これが大きな問題だと思います。

も一平方メートルに敷き詰める量はアメリカの三〇倍という数字が出ています。では実際には、その数字はどのような形となっているか。

四国の美しい川（写真1）。ビジット・ジャパン・キャンペーン用に使えます。しかし、少し視野を広げて少し遠くを見ると山の奥まで工事が進められている（写真2）。

私の住んでいる京都近郊の亀岡と大阪との間に茨木街道という山道があります。その道に沿ってきれいな川が流れていますが、ここでも、どんどんコンクリート工事が入ってきます。日本では諫早湾や吉野川など、大規模なものはメディアが取り上げますが、この程度のものは年に数万、数十万というスケールで全国的に進められているにもかかわらず、ほとんどだれも注目していません。

ではいったい日本では何が起きたのか。どうやら、官僚が一種の錯覚に落ちいったのではないでしょうか。何でも大きければいい、人を驚かせるほどの規模であれば、それが現代の先端技術である、と考えたのではないかと思います。

これは四国の小さなせせらぎです。小さな川ですが、そのすぐそばにこれができています。地震対策、あるいは地すべり対策といっていますが、周囲にはだれも住んでいません。

私は学生時代に、四国の徳島県祖谷という山奥にある小さな民家、茅葺き屋根の民家を買いました。そのすぐ近くにこのような川があります。数年前、そこへ何千万円という規模の予算が回ってきました。それで村の人たちが集まり、いろり端会議を開き、種々討論をし、このお金を見逃すわけにいかないから、川に手を入れようということになりました。その結果、こうなりました。これは地すべりや洪水があったからではなく、ただ予算がま

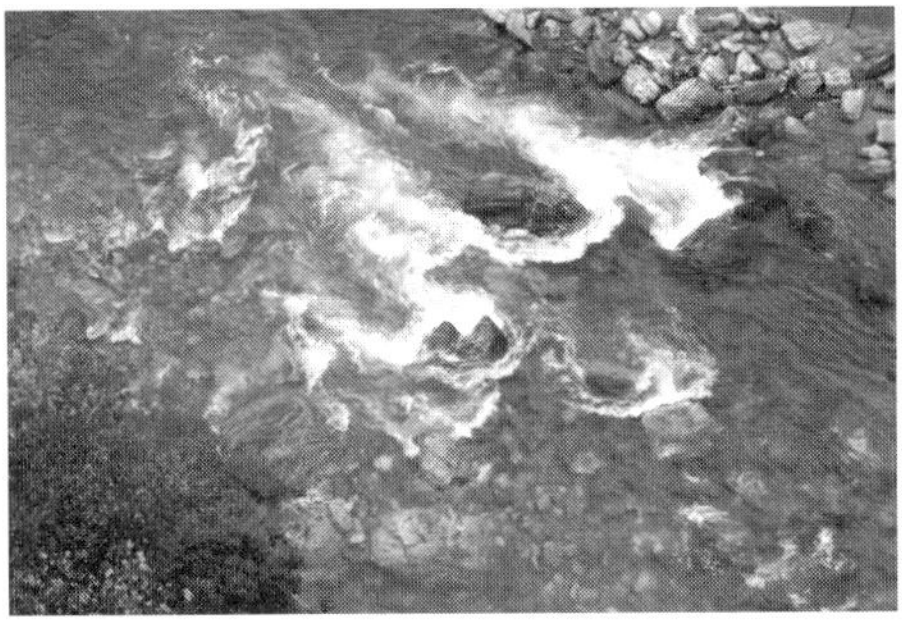

写真1

写真2

わってきたので造られたものです。昔、杜甫の詩に「国破れて山河在り」という有名な詩がありますが、ここでは「国栄えて山河なし」とでもいうべきでしょう。

最近は、どこ走ってもこのような景色が見られます。こうして山は削られ、平らにされます。こういうものが進むと、必ずスローガンがついています。「人に優しく、環境に優しく」と。しかし何が「優しい」のでしょう。山に芝生を植えたからでしょうか。

スギの植林は、日本の自然に対して大きなダメージを与えました。そして農林水産省はＪＲより大きな借金を抱えました。様々な意味で失敗策だったとわかっていますが、まだまだ国の補助金によって進められています。特にこの和歌山県は自然林が伐採されて、スギやヒノキばかりになっています。昔は四季折々、落紅葉もあり春の新色もあり、それが日本の山の景色でした。しかし今、きれいに並んだ木は一年じゅう色が変わらない植林の景色になってしまいました。

長年こういうことを繰り返してしてきたため、最近の芸術家は日本の美しい山や川、寺社仏閣を取り上げなくなりました。

柴田敏雄さんという海外でも非常によく知られた日本のカメラマンは、日本の「工事現場」ばかり撮ります。現代の「富士山」だと言っています。

ほんとにおもしろい目で見ています。ただ、写真としておもしろくても、実際にこういう景色に出会うとどうでしょうか。抽象芸術として見れば良いでしょうが、日本の景色だとして見ると、どうでしょうか。

昔つくられた例として祖谷街道があります。私の茅葺き屋根の家がある祖谷に入ってくる道路であり、今から八〇年前の大正時代に建設されたものですが、崩れたこともありません。凝っていますが、自然を取り入れた美しいつくりです。

これは昔の道路のつくり方ですが、今は奥の奥まで山を削っています。それが先端技術であると見なされているからです。ヨーロッパなどではできるだけ山を削らず、如何にして自然との調和をはかるかが先端的技術と見なされていますが、日本は如何にして幅広く、規模を大きくするか、それが先端技術であるとされているようです。

白洲正子さんは私が師と仰いだお一人ですが、白洲さんの家に入ると玄関口に「犬と馬は難しい、鬼が易しい」と書かれた短冊がかかっていました。

【アレックス・カー氏　インタビュー】

Ｑ２　美しい町をつくるために必要なことは何でしょうか？

Ａ２　自分の町に対するプライドが必要です。

京都でさえ古臭くて文明的でない町だと京都の人は思っています。パリやローマを見てください。古い町に対して大いなるプライドをもっています。

その意味を尋ねると白州さんは、韓非子の中に出てくる話であることを教えてくれました。皇帝が宮廷画家に何が描きにくく何が描きやすいかと問うと、画家は犬や馬のように自分の身の回りにいる何でもないものが非常に描きづらい、うまくいかない。けれども、鬼なら想像物だし、グロテスクだし、子供でも描けると答えたそうです。

これは、現代の日本にあてはまることです。都市計画のため、地方自治体は何十億、何百億をかけて、巨大なモニュメントを造ってきましたが、一方で電線は埋めない、あるいは看板の規制をしない。そういう「犬」の部分を放置し、「鬼」ばかりを追いかけています。例えば、日本は公共事業に何兆円もかけましたが、不必要な箱モノばかりつくりました。一方、日本の御神体とも言える富士山頂の「ごみ」を片付けたでしょうか。それはしなかったようです。つまり、「犬」の部分ではなく、グロテスクな「鬼」の部分ばかり追いかけてきたのです。それで私は、数年前に出した本の題を『犬と鬼』としました。

二　モニュメントによる景観破壊

これまでの話は公共事業、つまり護岸工事や道路づくりに焦点を当てましたが、今度はモニュメントを見てみます。

これ（写真3）は岡山県奈義という小さな町に出来たモニュメントですが、これを造ったため町の財政は破綻してしまいました。磯崎新という日本でも超一流の建築家がつくりました。残念ながら、超一流建築家は日本をだめにしたと、私は思っています。

では、このモニュメントの中は、どのようなすば

写真3

らしい作品を置いたのでしょうか。プラスチック製の龍安寺の庭園を置きました。このモニュメントが町の財政を破綻に追い込んだのです。現代美術として尊敬しなければならないのでしょうか。

しかし、なんといっても箱モノ、あるいはモニュメントの女王は、やはり京都の新駅舎でしょう。大正時代に古い駅ができたとき、京都の町を南北に走っていた烏丸通が分断されてしまいました。そして駅より南の方はスラム化し、駅より北の方は栄えました。そこへ新駅舎を作る計画ができました。これは何十年に一回めぐってくるかどうかの大きなチャンスです。安藤忠雄という建築家は、烏丸通をまた南北に繋ぐアイデアをもって、非常に幾何学的で現代的なパリの現代凱旋門のような形にしようとしました。京都は昔、羅生門がここにあったという歴史を踏まえた上でのアイデアです。また、国際的コンペティションも行われ、海外からは三十三間堂のような建造物も提示されました。新幹線が入ってくるとタイムスリップして昔の京都に入っていくというアイデアです。このように様々なアイデアがよせられましたが、京都はそれを全て拒否し、京都の歴史文化を否定したものをつくりました。一方、最近は不必要なダム工事をやめないで、むしろそれを飾るのが一つの流行になっているようです。

これはまた祖谷の方にできるダムで、コンクリートを自然石のように形づくっています。ところが、こういうものにゴルフ場がついてきます。

これは祖谷だけの現象とは言えません。全国的に見られる現象です。皆さんはそれぞれの地域の文化遺産の登録に努力していらっしゃいますが、皆さんのところにも必ずこういう企画があり、今後はこういうものと戦わない限り世界遺産の価値が下がっていくと思います。

ところで、かつての建設省には省制定の歌がありました。国土交通省になってからは引き続いてあるのかわかりませんが、私はこの歌が気に入っています。ちょっと歌詞を見てみましょう。『山も谷間もアスファルト　ランランランランランラランラン　すてきなユートピア　………』

三　京都タワー・京都新駅舎が古い京都の景観を破壊

私は京都の近くに住んでいますので、地元京都についても少し話したいと思います。

【アレックス・カー氏　インタビュー】

Ｑ３　それらの課題にアレックス・カーさんは京都でどのように取り組んでいますか？

Ａ３　京都を見て感じたことは古い建物の美しさを失わずに「リフォーム」する技術がないことです。町家は不便で、暗くて、汚い、直せないものと人々はみていますが、しかし実際のところ、古い建物を直す技術をもっていないのです。それについてただ書くのではなく、実際に見てもらいたいと考え、町家の保存とリフォームの事業に携わるようになりました。そして京都がこんな快適で暮らしやすいということを理解して欲しいと念じています。

先ほどの話ですが、建設省や国交省、また官僚が悪いという問題ではないと思います。ある意味で、日本全国民がこのユートピアソングを歌い続けてきたのではないかと思います。

京都の京都タワー。私がはじめて日本に来たのは東京オリンピックの年でした。オリンピックに訪れる大勢の外国人が京都に来て京都駅に着くと、本願寺の大きな屋根が目にはいります。しかし、それは恥だと京都の当局が思ってしまったようです。つまり京都が古臭い、前現代的であるところを外国人に見られては困る。そのため、非常に大きな反対運動があったにもかかわらず、京都タワー建設を強行しました。

それ以後は、ホテル、京都新駅舎が出来、古い京都の景観を破壊し、京都と古さは無関係であると、世界に発信しています。ほかの文化都市では考えられないことです。例えば、中国の杭州の駅舎の屋根は中国風です。杭州の歴史をアピールしています。京都は、その対極にあります。

町へ出れば町や村を美しくしようというスローガンがあります。しかし、京都にアトムボーイがありました。それはフィレンツエに着いたらドナルドダックに出会うのと同じような感覚です。

「犬」の部分として、特別に関心をもっているのが、電線と看板です。三十三間堂の門の真ん前、京都屈指の観光地で年に何百万人（千数百万人かもしれない）が訪れる場所で、まず目に入ってくるのは電線です。

東京、名古屋、大阪、京都は見事に看板だらけです。高野山は電線が少ない。最近埋設したのか、後ろに通してあるのかわかりませんが、この前来たときよりきれいになったと思います。

町自体がそれほどきれいでなくても電線がないだけで、すっきりと見えます。

伽藍の中の不動院、もしくは不動堂というのでしょうか、きれいな景色ですが、前から見ると「柵の中に入らないでください」の看板が二つもあります（写真4）。一つでは足らないのでしょうか。

金剛峯寺の入り口には看板、ポスターがあります。こういうものは世界の常識から外れています。ヨーロッパの寺院など、つまり聖なる場所、信仰の対象になるような場所に「ごみごみ」、「ごたごた」はありません。こういうのは、お金をかけずに簡単に直せるものですが、感覚の問題でしょうね。

実際に観光客が求めているのは、簡潔で、すっきりとしたところです。

写真４

この高野山にくる観光客の数はほとんど横ばいですが、あまり増えない理由の一つは電線や看板などによる「ごたごた・ごみごみ感」でしょう。意識はしていないけれども、観光客はどことなくすっきりしない気持ちで帰ることになります。

しかし、高野山や金剛峯寺が悪いと言いたいのではありません。高野山も金剛峯寺はまだ良い方です。金毘羅さんよりずっと良いと思います。これは日本全国の問題ですね。

日本では、落ち葉を汚いものとして嫌うため、枝を切ってしまいます。

幸い高野山では木をあまり切っていません。大木や古木を大事にしてきためずらしい町です。その意味でここに来るとうれしく感じます。墓地の中のこういう景色が神秘的で心に訴えるものがありますが、残念ながら新しい方の墓地には木がありません。伐採されたようです。昔は木を大事にして、木々が独特のたたずまいをもたらしていました。しかし、新しい墓地に引きつがれることなく、忘れられて、どこでもあるような、木も何もない墓地ができてしまいました。せっかくの歴史、せっかくの伝統が引き継がれませんでした。

四　硬直した都市法システム

今度は都会に話を移します。ほとんどの日本の都市はちょっと視野を広げると、名古屋なのか、大阪なのか、あるいは福岡なのか、おそらく分からないと思います。

一方、上海はその美しさのため世界の大観光名所になりました。しかし日本には一つもできませんでした。日本は中国より、真の意味での経済力、あるいは教育、教養の深さにおいて何十倍も先ん

【アレックス・カー氏　インタビュー】

Q４　高野山について感じていることは何ですか？

A４　高野山は「聖地」です。

そのことに尽きると思います。

山や寺の霊気が漂う場所ですから、それが伝わる美しさを保持すればよいのだと思います。

じているのに、都会のつくりとなると、上海のような都市ができませんでした。

　このような都市をつくるには、硬直した日本のシステムが邪魔しています。容積率、建ぺい率など、一〇〇年前のものがそのまま生きていて身動きがとれなくなり、美しい、おもしろい都会がつくれなくなっています。

　上海のあるホテルのロビーは三八階にあります。宇宙船の中のような、不思議な感じがします。しかし、廊下に出ると太鼓石など中国の石が置かれ、非常に新しいところでも、どこかで中国をアピールしています。趣味のよしあしは別として、このような試みがあることが大切だと思います。

　一方、東京は、どこ見ても箱型の、個性がなく無機質な建物ばかりです。そして、自然を粗末にした道路が出来ても誰も何とも言わない。すると看板、鉄線、工事のあふれる町になります。

　では、世界は日本をどう見てきたのでしょうか。これは「タイムアウト」という今一番売れている、とくにヨーロッパの若者に売れているガイドブッ

写真 5

写真 6

写真 7

写真 8

写真 9

クシリーズです。これが、フィレンツェ（写真5）のガイドブックです。表紙がおもしろい。ルネサンス彫刻をおもしろいアングルで撮っています。これがブリュッセル（写真6）。やはりベルギービールです。バルセロナ（写真7）はアールデコ、香港（写真8）は摩天楼ビル。皆美しく撮れています。そしてこれ（写真9）が東京です。看板のあふれる東京です。それが定番になっています。

景観というものは、一種のテクノロジーです。しかし日本でテクノロジーといえば生産業だけのものと思われています。

日本の博物館に行くと、説明が専門用語で書かれています。時代、流派などの難しい漢字が続いています。学芸員の手書きのものも多い。それは東京国立博物館でも京都国立博物館でも同じです。

アメリカ国立博物館のスミソニアンでフリアー美術館の場合をお話しましょう。フリアー／サックラーはアメリカの国立東洋美術館です。そこで私は、展覧会の看板作成のシステムを聞きました。

まず学芸員が説明を書きます。学芸員用語は、難しい言葉が多いので、それを、文章の上手な人に分かりやすく書き直してもらいます。それを再度編集の専門家が編集します。ここまでで、すでに三段階を経ています。次は、サイズや位置を決める専門家に仕事が引き継がれます。老人、あるいは子供が見る場合の目の高さ、また全体の雰囲気を考慮して、色、高さ、大きさ全部を専門的に分析した上で決めていきます。次はデザイナーが字体をつくる。つまり創造します。それでやっと一つの展覧会の看板ができ上がります。こういう一連の過程が一種のテクノロジーだと私は思います。学芸員が手書きで説明書をつくるのとは天と地程の違いです。

また一方、人気のある日本の展覧会では混雑のため展示物をみるのが大変です。人ごみでの展示物館のテクノロジーです。

五　景観テクノロジー

次は景観テクノロジーに入りたいと思います。

金沢の最も有名な観光地の入り口に汚い建物があり、看板の規制もありません。また住民の意識としても、こういう形を放置しているのは問題でしょう。こういうものがあると、その中の道そのものが嘘になってしまいます。

九州の黒川温泉。橋を黒で塗っているため、良い味を出しています。しっくい、あるいはしっくいらしく塗り直して、ある程度統一した味を出したことで、黒川温泉は非常に成功しています。しかし、全員が賛同しているわけではないようです。同じ橋の隣に統一されない家が残っています。統一された右側と、統一されていない左側の雰囲気が違います。観光客は右側だけを写真に撮ることができますが、人間の目や心には景色全部が入ってしまうものです。

ワシントンモニュメントは数年前に四、五年かけて改造、修理をしました。その時、ロバート・クレイズという有名な建築家に依頼し枠組みをつくりましたが、非常に美しいものができました。夜はライトアップされ、観光客にも好評でした。

では京都の場合はどうでしたでしょうか。

清水寺の国宝になっている山門は、最近修理が終わりました。これも五年間ほどかかりました。修理の間、枠組は美しくない状態でした。日本の美や伝統を求めてくる人たちは怒り心頭に達したのではないでしょうか。これはまさに工場です。文化庁でさえこういうものをつくりたがるし、最高の観光名所である清水寺でさえこういう景色ですから、日本は景観テクノロジーを取り入れていないとしかいいようがありません。

昨日、高野山にリフトで上がってきました。世界の聖地の中で、リフトで上がってくる例がちょっと思い浮かびません。スキー場以外で、こんなリフトはないと思います。人々は、聖地高野山という神秘的な場所に上がる期待で胸をいっぱいにしていると思うのですが、上がってみたら駅はさびれている。世界遺産への玄関口としては適切とはいえないでしょう。高野山の町に入っていく景色は山並みが連なり美しい。人はこういうものを求めてきます。こういう深みのあるお寺の美しさ、あるいは奥の院の道。これはやはり高野山の魅力です。けれども、よく目をこらすと変なライトが見えます。もちろん灯籠がありますが、照明として、きちんとものを考えるべきです。膨大な金額がかかるものではなくデザイン力と、繊細さがあれば美しくなります。

皆さんには、一度伊勢神宮にお参りすることをお進めします。日本の神社、あるいはお寺の境内としては、伊勢神宮は厳しいところです。看板ひとつ、道筋ひとつ、垣根ひとつ、徹底しています。そのため他にはない神々しい空気がわいてきます。その意味で、伊勢神宮から学ぶことが多いと思います。

武田信玄の立派な墓石があります。武田信玄といえばロマンを感じますが、しかしその墓石の隣にブループラスチックの椅子が置かれています（写真10）。徹底しないと、観光客ばかりでなく巡礼者、ここを訪れる人々をがっかりさせます。ほんのわずかなことで、すばらしい場所がつまらなくなります。私は一万円寄附しますので、木の椅子に取り替えてほしいとさえ思います。それで雰囲気は簡単に変わります。経済の問題ではなく感覚の問題でしょう。武田信玄に対する思いに徹底することです。

写真10

奥の院の真ん前、つまり聖地の中の聖地にスチールの手すりが設置されています。手すりなら竹でも木でもいいのではないでしょうか。聖地の中の聖地で、木やコケを眺め、石の参道を墓地まで歩いていって、つぎにこの景色に出会うのは非常に残念なことです。こういうのもちょっとした気遣いで美しく変えることができます。

六　観光立国による景観破壊

最近、観光立国が日本の大きなテーマになっていますが、この問題について写真を見ながら考えていきたいと思います。

日本にはまだまだ美しい場所が沢山あります。学生時代、一九のときに祖谷に入って茅葺き屋根の農家を見つけ、それを買いました。

これは祖谷渓です。日本のグランドキャニオンといわれています。神秘的な場所で、川の色も緑色の石のため緑色です。深い山の中の遠方を見ていただくと一軒家がぽつんと見えます。中国の山水画の世界です。それが私の家（写真11）で、「チイオリ」という屋号がついています。「チ」は古い字で笛の意味です。当時、笛を吹いていましたので笛の庵と名付けたのです。こんな家で、大邸宅でも何でもありません。ごく普通に、どこにでもあるような草屋根の家です。中はこんな感じの板の間で、いろりがあります（写真12・13）。

これは祖谷の「かずら橋」（写真14）です。非常に有名ですが、やはりエデンの園にはすでにヘビが入ってしまいました。つまり「かずら橋」のすぐそばにこんなものができたのです。「かずら橋イベント広場」（写真15）というそうですが、本当はバス広場です。それにしても、イベント広場があるから観光客がくるわけではありません。

では、観光とは何か。人は何を求めて観光にくるか。それが研究されていません。

世界遺産の宇治平等院のすぐそばに一三階建てのマンションができています。今度一〇円玉を刻み直さなければなりませんね。

写真 11

写真 12

写真 13

写真 14

写真 15

白川郷が世界遺産になって、土地の皆さんはかなりの刺激を受けたと思います。意識の面ではターニングポイントになったことでしょう。しかし、大型バスの駐車場とか、変な土産物屋とかが出来て、どんどん雰囲気が壊されてしまいました。近々、危機リストに載ってしまうかも知れません。個々の建物は茅葺きのまま残っていますが、全体の景色としては駄目になりました。今、委員会はこれを問題視しているようですね。世界遺産になったことでせっかくの景色や文化がだめになるのでは、世界遺産に指定されなかった方がよかったかもしれません。

鞆の浦は日本に残っている最後の江戸時代の港です。今度、埋め立てをして、橋を建設します。それは、さきほどの祖谷の林道と同様、別に必要性があるからではなく、予算が欲しいからと思われます。

高野山、根本大塔、そして町です。町の方は、一気にはできないけれども規制をかけ、将来新築するための基準のもとで建設をすれば、少しずつきれいになっていきます。

熊野はスギが大きな産業ですが、今度プラスチック製の手すりがつきました。日本全国の中でもすぐれたスギの産地でありながら、スギをあえて使わず、コンクリートを使っています。いいえ、コンクリートではなくてプラスチックです。かつて、コンクリートを使って木をまねたものありましたが、これは木をまねしたものではなく、コンクリートをまねしたプラスチックです。それが、一般の人々の中で起きるとどういうことになるでしょうか。

京都の池坊は華道の家元で、日本の花の聖地です。これは池坊のショーウインドーですが、全部プラスチック製です。後ろの方の赤いのがタイ輸入のプラスチックですが、どうせプラスチックを使うなら日本製のものを使ったら良かったのにと思います。「オリジン・オブ・生け花・池坊」とあります。

それに比べて、川瀬敏郎というすばらしい花の名人の生け花。本物の花を使って、単純に活けてありますが、しかし、精神性が感じられます。日本には堕落してきた家元もある一方、個人としても、あるいは家元としても、しっかり精神性を守っている例がまだあります。例えばこれも一例です。妙心寺の例ですが、何とも言えないほど美しい花です。

池坊では毎月展示が変わりますが、工作クラスのようなものです。ここまで堕落してしまうようでは、日本文化そのものが危機リストに載ります。

七　必要になってきた古い建物のリサイクル活用技術

私は三年前、京都で友達数人と一緒に、小さな会社を起こしました。「庵」という会社です。古い町屋を手に入れて修復します。貧乏な小さな会社ですから購入はしていません。町家のオーナーから委託してもらい、それをきれいに直して、宿泊施設として客に使ってもらうのです。

日本は古い民家や旅館を壊そうとします。きれいには直らないと信じ切っているからです。そのくらい現状は汚い。最初古い町家に入ったときの汚さはすごいものです。そういうところを掃除して、水回りを修復し、断熱材を入れ、冷暖房、電気配線など全部やり直し、現代人が使える状態にします。

費用は想像するより低コストで、新築するより安くできます。それを口で言っただけではだれも信じてくれませんから、実際に京都で六軒の町家を手がけてみました。

京都の典型的な町屋の内部はこれです。大事なのがエアコンです。これは壁に埋め込んで見えないようにするのが良いのですが、第一段階として

写真 16

写真 17

写真 18

はこれしかできませんでした。肝心なことは、この部屋は快適で夏は涼しくて、冬は暖かいということです。いつでも快適に過ごせるのがポイントです。

しかし、もとの骨組み、桁とか梁はつくろうと思っても、今の時代には不可能です。こういうものは後世に残すことが大切です。

吹き抜け天井、床の間。これは川沿いの町屋です。でも見つけたときはこんな景色でした（写真16）。ほんとに汚らしい、大抵の人はこれ（写真17）を見あきらめると思います。でもこれを見てください、こう変わりました（写真18）。

これは決して京都に限られた話ではありません。全国的に古い旅館、温泉街、あるいは町屋、民家、農家のリサイクルの時代がきていると思います。リサイクル技術、リサイクル後の利用方法も一種のテクノロジーです。今はそういう技術が必要になってきた時代だと思います。

これ虫籠窓といいます。しっくいに縦長の穴をあけて窓をつくりますが、それに現代的な照明器具と椅子、ソファを配置すると、京都の町屋も実に現代的に見えます。

こういうものには一種の知恵が潜んでいるのでしょう。外国人ばっかりでなく、日本人にも大勢泊まりにきていただいています。今や若い日本人たちは外国人と同じです。この前、東京の大学生が勉強会で来たときアンケートに記入してもらいました。京町屋で何がおもしろかったかを聞くと、布団に眠れたのがおもしろいと書いていました。つまり布団でさえびっくりするぐらいですから、もう彼らはアメリカからくる大学生と変わりないということがわかりました。

うちのオフィスをちょっと出て町を歩くと京都の景色は、江戸時代の古いすばらしいのがありますけれども、すぐ近くに積水ハウスがあります。ピンクやイエロー、そしてグリーンの家が京都にできてしまいました。京都新駅舎を造ったのと同じ気持ちからつくったのでしょう。私たちは京都ではないという看板をかけています。けれど観光客も、私たちも、心の中では、京都はこうであってほしい、これが京都だといえる京都を求めていると思います。

皆さん長らくご清聴いただきまして、ありがとうございます。（拍手）

（平成一九年一月二六日）

基調講演2

世界遺産検証
世界遺産の意味と今後の発展方向

西村《にしむら》　幸夫《ゆきお》〈東京大学工学部教授〉

今回、私に与えられたテーマは世界遺産の検証ということであります。はじめに「世界遺産の意味と今後の発展方向」として、もう一度世界遺産とは何かということを考え直してみたいと思います。

それから、日本の暫定リストの問題に関連し、現在、世界遺産を取り巻く環境がどう動いているのかということについて後半でお話したいと思います。

【プロフィール】

1952年、福岡市生まれ。東京大学都市工学科卒、同大学院修了。明治大学助手、東京大学助教授を経て、1996年より東京大学教授。この間、ＭＩＴ客員研究員、コロンビア大学客員研究員、フランス国立社会科学高等研究院客員教授などを歴任。

専門は都市計画、都市保全計画、市民主体のまちづくり論など。工学博士。

世界遺跡記念物会議（ICOMOS）前副会長、国土審議会特別委員、交通政策審議会臨時委員、財政制度等審議会臨時委員、文化審議会専門委員、千代田区景観まちづくり審議会会長、岐阜県景観審議会会長、犬山市まちづくりアドバイザーなどをつとめる。

一　世界遺産とは何か

1　戦争からはじまった世界遺産

最初に世界遺産のスタート以前のことについて考えてみたいと思います。文化財を国際的に守らないといけないという動きは、ちょうど今から一〇〇年前のハーグ条約（一九〇七）の中で起こったわけです。さらにそこから二〇年ぐらい前に遡りますが、文化財の保護に取り組むべきだという人たちがあらわれて、国際的な会議も何度か開いています。赤十字をつくったのと同じような発想で戦争のときには文化財も守らないといけないという主張がなされていました。戦争のときに傷を負った兵士は、敵も味方もないという思想と同じで、戦争のときに文化財を守るのに敵も味方もないのだという発想から、そのような仕組みをつくらないといけないということが一九世紀の終わりに主張されたのです。

それが実を結んだのが一九〇七年のハーグ条約であり、武力紛争時には文化財に旗などの目印（図1a）をつけることで、識別させて守っていこうというルールをつくりました。敵・味方の両方とも文化財を攻撃してはいけないというわかりやすいルールです。

その後、第二次大戦後になって次に結ばれたハーグ条約（一九五四）のなかで、同じく武力紛争時の条項が整備されました。これは現在も生きている条約で、一九〇七年のハーグ条約同様、守るべき文化財を示す目印（図1b）を定め、攻撃の対象とすることを禁止するだけでなく、文化財を軍事目的の施設として使わないこともうたっています。攻撃を受ける側もお城の中に軍隊を隠したり、戦車を置いたりしないということです。

攻める側も守る側もどちらも戦争には文化財を利用しないという仕組みができたことで、文化財を保

図1（a）

図1（b）

図1　1907年ハーグ条約が定めたエンブレム（a）色は黒と1954年ハーグ条約が定めたエンブレム（b）色は青、守るべき文化財を示している。

護する素地が出来たわけです。文化財保護はある意味、戦争のときの文化財の赤十字という発想から始まったともいえるわけです。

ところが残念なことに、日本はこの一九五四年のハーグ条約をまだ批准しておりません。

今、ちょうど国会が始まりましたが、今国会で批准するために必要な国内法の整備が進められると聞いています。そのために、今文化庁は一所懸命に夜遅くまで作業に追われています。（この講演ののち、ようやく二〇〇七年九月に批准しました。）

では現在、作業の中で何がネックになっているかというと、いろいろな軍事施設を文化財の近くに置かないという基準の中で、軍事施設には駅のような交通の要衝も含まれることがあげられています。駅も武器や弾薬を大量に移送するという意味では、非常に重要な軍事的インフラであり、その基準に従うと世界遺産の近くに駅がないようにすることはほとんど不可能となることから困っているのです。京都駅のすぐ近くの東・西本願寺は世界遺産ですから、そのような矛盾を調整してうまくまとめていく作業が今すすめられています。また「近接する」ことの定義が曖昧だったため、対応が遅れたという面もあります。

ただし、この条約が守られているかというとどうでしょうか。現状は湾岸戦争のときもイラク戦争のときも、バベルの塔のような遺跡は爆撃しないように、アメリカの考古学会でもリストアップは行っており、その意味では、それなりに今でも機能をしているわけですが、そのような遺跡が軍事行動に利用されるということは、実際には行われているようで、完全にこの条約が機能しているかというと、まだまだ難しい問題があるのが現状です。

2　世界遺産とは世界が責任を持って護るべきもの

今までは戦争の話でしたが、戦争がないときにはどのようなことが考えられてきたのか、お話ししたいと思います。これが世界遺産の直接の出発点です。

これにはナイル川の中流域にあるヌビア地方のような文化財保護のキャンペーンを進めていこうとする一つの流れと、アメリカのように自然保護、自然遺産を国際的に守っていこうというもう一つの流れがあります。アメリカは世界で初めて国立公園という概念をつくった国で、イエローストーンのようなところは、国の遺産というだけではなく、世界的な遺産としても認めてもらいたいということがあり、恐らく建国一〇〇周年を目指して、そのようなキャンペーンを始めたことが一つの出発点だと思います。

これら二つの流れが一九七二年に統合されることになるのです。ちょうどこの年はハビタット、国連人間環境会議がストックホルムで行われた年でもありまして、その会議に向けて両者が統合された歴史があるわけです。

① 国の利害を超えて遺跡を護る

エジプトでアスワンハイダムを建設する際に、せき止められたナイル川の水で水かさが上がることになって流域のアブ・シンベル神殿という遺跡をはじめとする二五の遺跡が水没の危機に瀕したことがありました。結果的にどうしたかというと、神殿の巨大な石をいくつかの部分に切り分け一個一個のパーツを順に切り取りまして、安全なところに据えなおしたわけです。これを実行するためには見積りでは当時のお金で八七〇〇万ドルのお金がかかるわけですが、日本を含め世界中がその維持にかかる費用を捻出しました。それは一つの遺跡を守るためだけではなくて、この周辺の二五の遺跡の中で主要なものを守ろうとしたわけです。

もう一つ、この件について我々がもう少し知っておかないといけないのは、実は、当時のエジプトはフランス、イギリスと戦争中であったという事実です。これをスエズ動乱と言いますが、フランス人レセップスが造り、その後イギリスやフランスが利権を持っていたスエズ運河をエジプトが一方的に国有化したことに対して、両国が反発をして戦争が起きたわけです。エジプトは国有化によって入ってくる通行料などでアスワンハイダムをつくろうとしたわけで、このダムの問題は単純な開発と保存だけではなくて、非常に複雑な政治問題でもありました。

ですからある意味、この遺跡を守るために、フランス、イギリスはお金を出していいのかということになってきてもおかしくはなかった問題だと考えられます。そのような中で一番熱心に活動したのはフランス人の考古学者でした。

そのとき当時の人達はどのように考えたかというと、フランスはナポレオン時代に、エジプトを含めたアフリカからいろいろな遺跡を持ってきましたし、イギリスもまた同じように各地から集めて、今はそれがルーブル博物館や大英博物館に展示されています。動かせるものは動かして持ってきたわけで、ロゼッタストーンなどがまさしくこれにあたるのです。これらはそれぞれの国の第一級の博物館におさめられて国宝のように大事にされています。しかし、アブ・シンベル神殿は動かせないわけですね。

では、動かせないものは、エジプトが自分で面倒を見て、動かせるものは自分たちが守るというのは世の中に通る論理だろうかと考えたわけです。これではおかしいということで、戦争はしているけれども、この遺跡はエジプト政府が費用的にも全部責任を持って移すというものではなくて、もう少し世界中がお金を出し合って守るべきものであるだろうということで、ユネスコが中心となって保存のキャンペーンを行うことになったのです。

ですから、この問題は、世界の宝、特にこのような動かせないものはその国の責任を超えて世界の責任で守っていくのだということを考える非常に大きな出発点になっているわけです。世界遺産というものは、世界が一丸となって守る必要がある、直面している危機があるからです。危機があるからそれをいかに世界の力で守っていくかということが考え方の原点にあります。

私たちは世界遺産というお墨つきをもらうということだけに注目するのではなくて、そのような歴史の中に今の制度があるということを、もう一回考え直さないといけないのです。

② 世界は一つという考え

それまでは戦争のときに文化財を守るという仕組みはありましたが、戦争ではないときに守るという仕組みが、ここで初めてできたわけです。

それと、おもしろいのは、それまでいろいろな組織や運動には「インターナショナル」という言葉がよく使われており、国連のようにベースに国（ネイション）があって、国がたくさんあって何かそれをつなぐものとして、ネットワークとしての「国際」という言葉を使っているのに対して、ここでは国や国際という言葉を使わないで世界（ワールド）という言葉を使っていることです。ワールドヘリテージという言葉をフランス語でもスペイン語でもワールドにあたる言葉を使っています。このことで世界は一つなのだということを示しているのだと思います。

世界という目で見たら、やはりこれはみんなが共通で責任を持っていかないといけないのだということの表れでもあるのでしょう。国と国が単に国際間で協定を結ぶようなものとは違うのだという、世界遺産のメッセージが非常にわかりやすく伝わったというところに成功の鍵があるのではないかと思います。

③　文化遺産も自然遺産も世界の現れ

三つ目は、世界遺産の中では当たり前のように思われているわけですけれども、自然遺産と文化遺産というものが同じ一つの世界遺産というカテゴリーの中にあるということも実は非常にユニークなことなのです。

例えば日本のことを考えればすぐわかるのですが、文化遺産は文化財保護法で守られている一方で、自然遺産は自然環境保全法であるとか、自然公園法だとかさまざま自然を守る別の法律があるわけです。片方は生きているものであるし、片方は過去の遺物ですから仕組みも違うのは当然です。また、文化財の中には動産もあれば不動産もあります。

ですから国際条約においても仕組みが異なりそうなものですけれど、それを一つにしたというところが非常にユニークです。やはり世界は一つだと考えれば、世界の中で、文化のなかで現れたものと、自然に現れたものが同じ価値を持っているのだというふうに考えたからだと思うのです。

④　バッファゾーンの存在と「そこにある」という意味

そして、もう一つユニークなのはバッファゾーンというものがあるということです。守るべき世界遺産となるのはコアだけなのですが、周りに可能な限り緩衝地帯としてバッファゾーンをとらなくてはいけないということが定められています。

この考え方は自然保護に携わっている人にとってはごく当然な事です。自然を保護するといっても、世界遺産が想定している自然遺産は非常に大きな原生自然が中心なのですが、そういうものを守るということは、コアとなる本当に守らなくてはいけない生態系と、少し人間が入って生活にかかわるような自然とに分けないとうまくいかないわけです。コアの部分は非常に重要だからなかなかそこに人間は入れないわけですが、そこを守るためにもっと広い緩衝地帯がいるということは、自然のことを考えればよくわかる話です。

こうした考え方を世界遺産は文化遺産に関しても適用しています。コアがあってもその周辺が守られないとその建物を守ったことにはなりません。なぜかというと、それは、その建物が周辺との関係でそこにあるという事実もその遺産の価値の一部だからです。

それを英語ではセッティングと言い、フランス語ではコンテクストという言葉を使うのですが、「そこにある」という文脈が大切だということなのです。

このような規定は日本の文化財保護法にはありません。全然ないわけではないですが、まったく使われていないのです。だから逆に言うと日本の文化財はコアとなるものは護られますが、すぐ隣にマンションが建っても文化財保護法を適用して護ることができないのです。これはおかしいではないかということが、世界遺産を考えてくると見えてきます。

今、ようやく文化財保護法の改正に手が付けられ、このような幅の広い考えを入れていくような仕組みを、どう日本の国の中で作っていくのかという議論が始まりました。今のところはそれぞれの自治体がいろいろな条例でバッファゾーンを守るということになっていて、高野町の場合もそのような地区指定が独自条例で実施されているわけであります。

⑤ 世界遺産本来の意味と危機遺産

世界遺産条約はいわゆる世界遺産リストのほかにもうひとつ、危機に瀕した世界遺産のリストを作成することを規定しています。

この危機に瀕した世界遺産のリストについてですが、世界遺産という概念がどこから発生してきたかという経緯を考えれば、世界遺産リストと同じかそれ以上の重要性を持っているということは明らかです。

世界が一丸となって守らなくてはならないから世界遺産をつくったわけですから、守れない、守れそうにないというようなところにこそ一番力を入れないといけないのは当然です。

世界遺産条約の中にもそのような遺産を守るための専門家を派遣したり予算をつけたりする仕組みが定められていて、そのためにどれだけの予算をつけるかということが、世界遺産委員会の中でかなりの時間を使って議論されている議題でもあります。

しかし、マスコミは世界遺産になるかならないかには興味がありますが、危機リストに載っても余りうれしいことではないので、積極的には報道もしません。ですから世界遺産の現状について、マスコミを通じて知ることができるのは、ほんの一部分でしかないことも知っておかないといけないと思います。

3　世界遺産が直面している問題とあたらしい考え方

①　護れなかった世界遺産

世界遺産の保護についてもさまざまな問題が存在しています。具体的にどのようなことかといいますと、世界遺産となっても壊されるものは壊されてしまうということです。例えばバーミヤンの大仏やボスニアヘルツェゴビナのモスターという橋などの幾つかの遺産はその国の暫定リストに載っていた遺産でしたが、内戦時に意図的に壊されています（のちに両方とも世界遺産に登録されました）。

それは、その国民や民族の象徴、また文化の象徴となるようなものだから意図的に壊しているのです。ちょうどナチスがユダヤの文化やポーランドの文化を意図的に壊したのと同じようなことが、実際に東ヨーロッパで一九九〇年～九一年にかけて冷戦が崩壊した後に起きています。ですから、文化は世界を一つにするとか、文化で仲間になれるとかいうことはなかなかハッピーに単純には言えません。特に冷戦以後の武力紛争時には無力だということがわかりました。

②　文化遺産と自然遺産のアンバランス

それから、世界遺産の登録数については、文化遺産はどんどん増えますが、なかなか自然遺産は増えないという不均衡があります。これはご承知のように、文化は地域によって固有ですから、それぞれ違う固有な文化をそれぞれの文脈で評価することが可能ですが、自然というものは世界全体の基準で評価されますから、大雪山の亜寒帯の自然環境が日本的にはすばらしい国立公園だけれども、ではそれがたとえばロシアの世界自然遺産であるカムチャッカ火山群や中央シホテ・マリンなどと比べてどれだけ独自性があるかということを証明しないと遺産にはならないわけです。その国で一番だからといってもなかなか世界自然遺産にはなりにくいということなのです。また、保存の措置が非常に広範囲に及ぶということも増えない理由の一つに挙げられています。

③　地域格差と文化圏〜石の文化と木の文化

不均衡といえば北米やヨーロッパが全体に占める割合がほぼ半分になるなど地域的な偏りがあるということもよく言われています。それはそこに世界遺産に値する文化が残っているからという側面もありますが、アジアを例に挙げるとインドや中国をはじめとして、もっと長い文化があるのにアジア全体の数としてはそれほど多くはありません。その理由として、一つは条約そのものを欧米人が中心になってつくったことで文化遺産のものの考え方がやはり欧米中心にできているからだと思うのです。

例えば建物ですと欧米では石造やレンガ造が主流なので、そうした材料が大切で、物が残っていることが本物かどうかを判断する際に非常に重要だという思想が強いのです。石を例にたとえると石がそこに残っていることが大切だと言う考え方です。

しかし、木造の文化を考えると、物が残っているのと同時に、木工の技術が残っていて、修理をしたり建てかえたりすることができるということも同じくらい重要なはずです。同じものを同じ形で同じ技術でつくりかえることができるという文化も、物が残っているのと同じくらい貴重なわけです。たとえ物が残っていても、それをもう一回つくることができる大工の技術が残っていなければ、その建物は後世には継承できないわけですから。

また、木造だけではなくて日干しれんがや、草や、土や、オーガニックな材料が使われているような文化では、多分にそういうところがあるわけです。そのようなものを評価する軸がないということが登録数が欧米中心となってしまう理由の一つでもあります。それはもともと、非西欧文化圏の人が、議論にあまり参加していなかったのが原因であると考えられます。

したがって遅くはなりましたが日本が一九九二年に世界遺産条約を批准したことは、世界に一定のインパクトを与えました。一九九四年に真正性、オーセンティシティに関する奈良ドキュメントというものが出たことで、本物であるということはどのように考えるかということに関して、非常に大きな考え方の転換がありました。

それは今申しましたように、かつての欧米中心の考え方だけではなく、ものの中に情報があるという、次の世代に伝える情報の伝え方というものもあり得るのだという考え方がこの奈良ドキュメントによって国際的に認められたからです。文化的な情報は物としても伝わるわけですけれど、技術として残っていたり、口承としての伝承であったりと様々です。そうしたものの総体として遺産を考えないといけないのだということが昨今言われるようになってきました。

④　世界的な視野と新たな発想の必要性

それから文化遺産の場合評価の基準となるのが条約第一条及び第二条でうたわれている「顕著で普遍的な価値」（アウトスタンディング・ユニバーサル・バリュー）です。

しかし顕著で普遍的な価値というものは何かと正面から問われると、これはやはり非常に難しい問題です。そしてそれを、それぞれの国が判断することになるのですが、その国で一番であるとか、最も古いとかいうことで評価判断されても、それはほかの国、世界からとってみると、それほど意味がないものなのです。現在の国境による近代国家のくくり方と文化圏のくくり方とが一致していると は限らないからです。

むしろ、世界の文化にとってどういう意味があるのかとか、世界遺産のリストの中にそのものが載ることが、世界規模での文化理解にどう貢献するかというところがうまく説明できないといけないわけです。その国で一番古いとだけ言われても困ります。つまりその点だけを考えれば国の数だけ一番古いものがあるわけですから、全部世界遺産にするのかということになってしまうわけです。

今度の平泉の件でもそのような問題が若干ありました。平泉には東北のような辺境の土地にもかかわらず、京都と匹敵するような文化や交流があり、また海外にも窓が開かれていました。このような遺産が残されていた事実は、平泉の人だけではなく日本人にとって非常に重要なことです。でもそれは世界の中で考えると、それはもう京都が世界遺産に登録されているからいいではないかと言われたときに、それを超える論理はなかなか出てこないわけです。だから発想を切り替えて新しい論理をつくっていかないといけないことになります。

また今、新しい傾向が生まれてきています。例えば教会や寺院建築などのモニュメンタルなものはワンラウンド指定が終わったのではないかということです。特に欧米を中心として既にそういうものが多く登録されているので、これから申請を広げようとする国は、次からは今までと同じような路線を行くのではなく、違うものの見方で、もう一度自分たちの文化というものを再定義してほしいということが言われるようになってきました。そのことがまさしく、世界遺産リストを豊かにし、世界の文化理解を深めることにつながるものとして期待されているからです。

⑤　文化的景観というあたらしい考え方

具体的には新しいカテゴリーを生み出して、その中で評価をしていくことも求められています。先ほど後藤町長からお話がありました文化的景観という考え方がまさにこの新しいカテゴリーにあてはまると思います。農業の文化的景観というのが一番わかりやすいのではないかと思いますが、そこに農作業の伝統があって、作物がつくり続けられることによって一つの農業の景観が維持されているというようなものです。

こうした考え方は一九九二年に世界遺産のカテゴリーの中に加えられました。その後二〇〇四年に日本の文化財保護法が改正され、日本でも文化的景観は文化財の一種として認められました。これは今までの日本の文化財保護にはなかった考え方で、世界遺産の議論が機会となって文化財の範疇に文化的景観というものが含められることになったのです。

その中で特に重要なものの幾つかは、徐々に重要文化的景観として指定するようになってきました。今、実は農林水産業以外の第二次、第三次産業にかかわる文化的景観を全国からリストアップしております。約二〇〇〇件の第一次リストから二次リストで二〇〇程度に絞り、そしてそれをさらに絞って重要文化的景観として選定していく作業を行っております。

この作業はひょっとして日本の文化財の概念に非常に大きな変化をもたらすかもしれません。なぜなら、中山道と宿場町といったような非常に広域で複数のものが一つのものとして考えられることになるかもしれないからです。もしくは、金沢の城下町とか、萩の城下町とか、城下町全体を文化財としてとらえて、町をそのまま指定することもできるかもしれません。これは景観法に絡ませて行うことになりますが、そうすると、もちろんそこには近代都市が入るわけで、そこでどのような形で新しい計画とすり合わせるかということは、これから我々が考えないといけない非常に大きな問題です。

なお、一次産業についてはほぼ作業を終え

まして約二三〇〇件の一次リストから一八〇のショートリストをつくって、その中の一〇件ほどのモデル的なところを現在調査しております。

⑥　**産業遺産**

一九世紀、二〇世紀の産業遺産については、これはやはりものが大きいですし、新しいですし、見た目があまり美しくないという語弊があるかも知れませんが、工場が多いので、今までのモニュメンタルなものとは性質が異なります。こういったものをどう評価するかということが、これからの大きな課題でもあります。

今、石見銀山が世界遺産の申請をして審査の途中にあるわけですけども、これはアジアで初めての産業遺産という意味でアピールするという側面も持ち合わせています。

⑦　**可能性を広げる文化の道**

文化が伝達するためには物理的に道を通らないとなりません。それは例えばシルクロードのような道であったり、世界遺産になっているものでは香料の道なども文化の道です。

奴隷の道はまだ世界遺産になっていませんが、黒人が積み出された港からカリブ海の島を伝って南北アメリカの港に黒人が運ばれていた事実があり、これを全部セットで考えると、それは文化の道になるのではないかと考えられます。

もしくは、イギリスからオーストラリアへ流刑人たちが連れられて行ったというものも、関連遺跡を全体でとらえることによって、流刑人の道という世界遺産になる可能性もあり、今後、新たなカテゴリーの一つとして生まれてくるかもしれません。

例えば、四国の八十八箇所なども信仰も含めて考えますと、こういうものに近いところがあるわけです。なぜかというと、八十八箇所は点として八十八あればいいというものではないからです。セットとして八十八ヵ寺があり、そこに遍路道があり、またお接待の文化があって、それ全体が今でも機能しているから、お遍路という文化が生きているのだという全体をとらえて評価するようなことがもしできるのであれば、新しい考え方が生まれてくるわけです。これもある種の文化の道であると考えることができます。それは、日本の文化財保護法のへのチャレンジでもあります。

⑧　多様なひろがりを持つ聖なる山

この紀伊山地の霊場と参詣道もその一つですが、（写真1）聖なる山という概念があります。これも、今までの欧米中心の感覚では余り世界遺産になってこなかったものです。聖なる山とひとくくりに言っても、それぞれのものの見方はかなり違うわけです。

例えばチベットのカイラス山という山は聖なる山のひとつです。でもこれは登山をするなんて畏れ多くてとてもできない山です。つまり同じ聖なる山でも遠くから遥拝することしかできない山もあれば、日本の修験道の山のように、そこを山登りすることが一つの修行であり、宗教的な行為である山もあります。またこれらとは別のまったく違うスタイルの聖なる山もあるかもしれません。

つまり同じ聖なる山でも、世界的に見るといろいろなスタイルがあり得ます。ですからこういうものを世界的に比較対照しながら、それぞれの地域の聖なる山の価値づけをしていかないといけないということが今、重要な課題になってきています。

⑨　二〇世紀の建築

先ほどの杉本先生のお話にもあったように、日本でもようやく戦後の近代建築が重要文化財になってきたわけですが、世界でも二〇世紀建築をきちんと評価しようという動きが起きています。今回の暫定リストの中では、残念ながらこれに当たる推薦はありませんでした。

⑩　生きた活動の舞台

世界遺産という場所だけを指定して、そこにあるべきスピリットがなくなっていいのかという問題もでてきています。今回、高山の町並みと屋台ということで暫定リストの提案がなされました。こ

写真１　熊野古道のうち伊勢路、馬越峠の石畳の道

れは高山祭という日本を代表するお祭りを全体として評価するという提案をされたわけで、非常におもしろい問題提起でした。しかし、世界遺産の側からすると、屋台は動くから世界遺産の対象にならないわけです。祭礼そのものも無形文化財の部分が大きく、世界遺産の対象にはなりません。

でも、それは本当に正しいやり方なのかどうか、日本で何か文化財を考えるときに全体をセットにできないかということも考えられるわけです。屋台や祭りを中心に考えれば高山の町並はその重要な舞台であるという位置づけも可能です。そのものが文化財であると同時に、町が舞台としての意味を持っているという考え方もできるのではないでしょうか。

⑪　バッファゾーンと生活

鎌倉のように都市の真ん中に若宮大路のような道があるとバッファゾーンの確保が非常に難しくなります。日光には杉並木という参詣の道があって、見事なスギが植わっています。そこまでを世界遺産として拡大すべきではないかという議論はあるわけです。しかしそうなったときに、どこまでをバッファゾーンとしてうまくとれるのか、そこが本当に守れるのか、という問題がすぐに起きてしまいます。バッファゾーンの問題は特に日本のように人の住んでいるところが遺産と隣接していたり、もしくはその遺産の中に人が住んでいたりするような場合、難しい問題になってきます。

⑫　無形の文化遺産

二〇〇四年に、無形文化遺産条約というものが、ユネスコの新しい条約として成立しました。この前に、無形の文化に対する傑作宣言というものをユネスコは先行的にやっておりまして、日本では能と文楽が宣言の中に加えられています。

こうした無形のものを守るということと、有形のものを守るということをどのようにして両立させていけるか、もしくは仕分けを行っていくかということも問題になってきています。建築物が成立するためには当然職人の技術などの無形の文化が存在するわけですから、考え方によっては有形・無形のものは不可分の性格を有しているともいえます。

4　個性豊かな遺産の側面

①　農村生活と密着した文化的景観の難しさ
～フィリピンのコルディルェーラの棚田

世界で最初に文化的景観として登録されたのはフィリピンのコルディルェーラの棚田という遺産です。ただ現在、ここは危機リストの中の一つに数えられています。ここは若い人たちがここから車で7時間くらいかかるマニラを中心とした首都圏に出て行ってしまうようになり、残った人だけでは、なかなか棚田の景観が維持できないという難しい問題を今抱えています。ここで言いたいのは、このような景観が守られるためには、単に田んぼが守られていればいいわけではなくて、ここでの耕作の習慣や灌漑の仕組み、そして集落が実際に共同でさまざまなことを続けていくような社会的慣行が維持されない限り、これはもう残らないということです。全体が一つの文化システムでもあるということで、それを守っていくことは、非常に難しい問題であります。

②　経済活動か世界遺産の景観か
～ラサのポタラ宮と歴史遺産群

ラサのポタラ宮と歴史遺産群ですが、実際すばらしい景色なのですけれども、周辺に一棟の高層ビルが建ったときにこれが大変な問題を呼びました（写真2）。建ったのはバッファゾーンのすぐ外側なのですが、バッファゾーンの中がほとんど四階建てまでの建物であるために、どんなに遠くに建てたところで高いビルは見えてしまいます。そうすると先ほど申しましたように、高層ビルがこんなところに建っていいのかとか、全然建てることを許さないのかとか、低層ビルだったらデザインは何でもいいのかなど大きな議論がおこりました。

生きている町はそのような意味で非常に大きな問題を抱えるわけです。特にここの場合は政治的な問題も非常に関わっています。この建物を批判することは、亡命したチベット人が中国政府、中国共

写真2　中国、ラサの町に建てられた高層ビル

産党を批判することにもなるわけで、中国がチベットを併合したことの事実を批判することにも繋がります。このように非常に政治的な問題をはらむという場合もあり得るわけです。

ただ、今このラサの町も非常に大きな変化に見舞われております。二〇〇六年の七月に、中国の中原地方とチベット地方とを初めて結ぶ青蔵鉄道が正式開業したこともありまして、ここ数年、大変な経済ラッシュがついにチベットまで押し寄せてきています。新しい鉄筋コンクリートの建物などが、どんどんできています。このままでは恐らくこの数年の間に非常に大きく変わると思います。今とても心配をしているのですが、町、特に生きている町、そして経済活動があるところは、同じ世界遺産でもかなり違うわけで、いろいろな問題があります。

③ コントロールできない部分
～中国の平遥（ピンヤオ）

山西省の古都平遥は三キロ四方ぐらいですが、城壁が完全に残っている中国でも非常にめずらしい町です（写真3）。今ではこの中には車が入れないことになっていて、電気自動車で行かなくてはいけないという部分では、見事なコントロールがなされています。ところが、中心部はほとんどお土産物屋さん街になってしまっています。特に中国は今、国内旅行ブームですから、こういうところだと毎年二割～三割くらいの割合で観光客がふえているのです。このような町では今までになかった大きな変化が起きています。

④ 意味を理解する力が必要となる遺産
～シュトルーヴェの三角点アーチ観測地点群

新しいアイデアということで幾つか紹介したいと思います。二〇〇五年に世界遺産に登録されたシュトルーヴェの三角点アーチ観測地点群という遺産で一〇カ国の共同提案です。これは何かというと、三角測量の跡なのです。それも一番北のロシアからずっと南の黒海沿岸

写真3　平遥の中心街の街路風景

まで約三〇〇〇キロにわたって三角測量した中で、四〇地点ほど現存しているところをセレクトして、一〇カ国から共同提案されました。

シュトルーヴェというのはオーストリアの天文学者で、一八一六年から一八五五年にかけて各国政府と協力をしながら測量を行った人です。この測量の科学的意義というのは、これで初めて地球が完全な球体ではないということを証明したことです。回転の影響で少し赤道のところが膨れているわけですが、どれぐらい赤道が膨れているかということを最終的に確定した測量をおこないました。ですから科学の歴史から見ると非常に重要な意義を持つものであります。

そこで実際にどういうものが世界遺産に登録されたかと申しますと、水準点が幾つかセットになっているというだけなのです。これを見せられたとき、私も絶句しました。どう考えたらいいのかと・・・

しかし、科学の歴史からいってこれは非常に重要な遺産であることには間違いはなく、そういったことを知らないと、これを見ただけでは何の意味もわからないわけです。つまり、文化に関する理解の仕方が今大きく変わってきていて、理解する我々が、どれだけそのものを知っているか、その価値を知っているかということが問われるようになってきています。つまりそれは逆に言うと、世の中にあるいろいろなものをどういう側面から価値を切りとるかで、本当に重要なものが見えるかどうかが決まるということでもあります。

その背景には一つのモニュメントで、一見してすごいと感じるものは、大方、世界遺産になったのではないかということもあるわけです。世界遺産になっていないのもありますが、全てが世界遺産になりたがっているわけではないので、単体モニュメントで希望があるところは、かなり登録されてしまっているという現状があるのではないでしょうか。

⑤　聖なる山の「山」としての意味 ～ピエモンテとロンバルディアのモンティサクリ

先ほど聖なる山についての項で、聖なる山でもいろいろなタイプがあることをお話ししました。二〇〇三年にイタリアで登録されましたピエモンテとロンバルディアのモンティサクリという山があります。モンティサクリというのは英語で言えばセイクレッドマウンテン、そのまま直接訳すと聖なる山というわけです。

でも日本でイメージする聖なる山とは全然違います。どういうものかというと、ほこらがたくさんありまして、あたかも巡礼のように一つ一つのほこらをお祈りして回るわけです。ほこらの中になにがあるのかというと、彫刻や絵画でキリストの教えだとかキリストの一生のある場面などが描いてあるわけです。それを絵巻のようにひとつひとつ見ていくことによってキリストがどういう一生を送ったかがわかり、そしてそれをお祈りしながらぐるっと回るとキリストの教えやキリストの生きざまが理解できるという、そういうある種、教育のシステムなんです。それは一六世紀から一七世紀にかけて、恐らくはそれほど文字が読める人が多くなかった時代に、こういうものでキリスト教の教義を理解をしてもらうためにつくられたのです。このようなものが山の中に九か所点在していて、これが今、世界遺産になっています。

これが議論になったとき私はイコモスでの評価の会議でかなりいろいろな質問をしました。しかし、全然通じないのです。山とほこらとの関係はどうなっているのかとか、ほこら相互がどのような位置関係にあって、どのようにめぐるとか、その山に登ることが宗教上どんな意味があるのかということをいろいろ聞きただすのですが、質問が通じないのです。

なぜかというと、もともとそういう発想がなく、地形としての山はあまり関係ないようなのです。そういう重要なほこらが山の中に点在していることが大切なのであって、山との関係がどうかということではないのです。だから、地形はどうなっているかといっても、質問の意味も全然わからないわけです。聖なる山といってもこれだけ違いがあるということです。

⑥ 聖なる場所を再評価させるきっかけ
～オスン・オソボの聖林

これも悩んだものですが、ナイジェリアで二〇〇五年に世界遺産に登録されたオスン・オソボの聖林というところがあります。半砂漠の草原に流れる川の周りに森があり、この森が聖なる森として地元の人たちに昔からあがめられていました。何かモニュメントがあるわけでもなく、この場でいろいろな祭祀をおこなうことが大切で、こういう森があるということがそのような場所を聖なるものにしていたという所です。

しかし、長い歴史の中でだんだんとこの地域でも部族的な結束が緩くなってきて、あまりこの場所が聖なる場所としての意味では大事にされなくなってきたのだそうです。

ところが近年、ここにオーストリアの女性芸術家が住みつきまして、自分のイマジネーションでこの地の聖なるものをあらわしたらこんなふうになるのだということで、いろいろな芸術作品やおどろおどろしい建物をつくり始めました。そのことがきっかけになりまして、それまでここを聖なる場所だということを忘れかけていた地元の人々の気持ちに火がつきました。結果、聖なる場所がリバイバルしていくわけです。こういうきっかけが与えられたことで、この地域が維持されて、いろいろ信仰的な活動も再び活発になってきました。

そういう経緯もあってここは世界遺産にノミネートされたわけです。では、あのおどろおどろしい建物はどうなるのだということになるわけです。この建物はもともとなかったものであって、これは聖地を壊しているものとみなして否定的に評価する意見がある一方で、これがあったから復活したのだから、これも場所の特異性の一部分ではないかという方もおられて、いろいろな立場があるわけです。

結果的には、これはここが持っている、ある種スピリチュアルなものを、うまく補強してくれているということで、これそのものは世界遺産にはしないけれど、ちゃんと評価しないといけないという結果になりました。

ちょうど日本で言いますと平城京に朱雀門を復元したようなものです。朱雀門は世界遺産ではないけれども、それがあることによって朱雀門というものを通して平城京がよく見えてくるということで評価されると思います。

沖縄には木造の首里城があります。城そのものは戦争で焼けて復原したものですから世界遺産ではないのです。でも、これがあることによって首里城の遺跡がよくわかるということで、世界遺産をうまく表現してくれている、補完してくれているものとして首里城の木造建造物の価値があるわけです。このように生きている信仰や芸術活動や伝統的な儀礼などが、どう意味を持つかというようなことも議論になってくるようになりました。

⑦ 聖なる場所の再発見
～沖縄セーファーウタキ

沖縄にセーファーウタキという磐座があるので

すが、これも人工的なものではありません。しかし非常に聖なる場所として信仰上重要な部分を占めるということで、沖縄に九つのある世界遺産の構成資産の一つになりました。

日本サイドでは最初はあまりここを世界遺産の構成要素としては重視していなかったようです。ところが、ここにミッションで来たヘンリー・クリアというイギリス人がこれを見て、これはすごいということでこういうものも指定した方がいいのではないかというサゼスチョンもしたようです。彼に直接聞きました。

ヘンリー・クリア氏は世界遺産のイコモス側のコーディネーターを一〇年ぐらいやっているので、世界中の世界遺産を見ているわけですが、ここが今まで自分が見た中で一番スピリチュアルな印象を持ったと言っています。世界中で一番聖なる場所と感じるところ、それがなんと自然がつくり出した空間だったのです。

⑧ まちづくりとコンセプトの必要性
～白川郷

白川郷は「結」のシステムがあるということが、イコモスの評価委員にとっては非常に印象深かったようです。この遺産を守る社会システムがあるという事実です。社会システムそのものは世界遺産にすることはできないけれど、それが背景にあることが、ものを通じてわかることがすばらしいと評価されたわけです。

ただ、現在では見えない奥側は住民の増築や農地の駐車場化によって徐々につぶれていっています。これは世界遺産になったことで来訪者が倍増し、年間百二、三〇万人の観光客が訪れることに対応するためですが、非常に大きな問題になってきています（写真4）。

またそれに加えて二〇〇八年三月に、ついに東海北陸自動車道で唯一残されていたこの白川郷インターと隣の飛騨清見インターの間が開通します。東海北陸自動車道が全通するのです。すると、名古屋からであれば恐らく二時間もかからずに白川郷へ到着してしまうこと

写真4　白川郷の集落内の道路の様子

になります。そうなると、ここでちょっと見て金沢や能登まで、あと一時間半くらいで行くことが出来るようになります。ほとんど金沢までの範囲が名古屋の日帰り圏になってしまうことで、白川郷はその中のちょっとした休憩地点のような感じになってしまうかもしれません。そうなる前に、もう少し何とかしないといけないのではないかということで、年間のうち車が町の中に自由に入ることが出来ない日を従来の八日間から、二〇〇七年度は一八日に増やそうとしていますが、本当にそれだけで大丈夫なのか疑問です。

自動車を集落からシャットアウトしてしまうような抜本的な対策が必要なのですが、地元の合意が取れずに立ち往生しています。駐車場を郊外だけに限定すると集落に入ってくる人の流れが大きく変わるので、その影響を受けるお店が反対しているからという理由だそうです。

しかし、人の流れがちょっと変わったくらいで影響を受けるような商売のやり方ではなくて、店がどこにあってもわざわざ人が来てくれるような魅力的な商品を扱っていれば、かえって不便な方がいいかもしれないですよね。そうしたコンセプトがないところで大事なことが議論されてしまっています。これはまちづくりの問題でもあります。

一方、住宅の増築に対処するためには、世界遺産地域の外側に受け皿となるスペースを作ってあげることが必要なのかもしれません。より広域で問題を考えることが大切です。

二　日本の暫定リストの問題と取り巻く環境

1　現在までの経過と新たな流れ

①　今なぜ暫定リストなのか?

日本が九二年に世界遺産条約を批准したときに、最初に一〇カ所、暫定リストを提出しました。このときは文化庁と文化財保護審議会の枠中で決めたので外部の人間には全く知らされていませんでした。現在のような話になるとはだれも考えなかったわけです。一般の関心も高くはありませんでした。

最初の一〇カ所のうち、既に彦根城と鎌倉以外は世界遺産に登録されていますが、このときの議論の中でも、やはり日本の文化をどれだけバランスよく表現できるかということが重要だということで議論がなされたようです。沖縄が入ったのは、やはりその部分が大きく、日本の文化の中でも沖縄という固有の文化を明示することが大切だと考えられたからです。なるほどと思いましたが、そういう意味で言うと、例えば北のアイヌ文化も入るべきだったと思います。しかし、アイヌ文化で世界遺産になれるような、はっきりこれだけでなれるというような自信を持って挙げられるものがなかったこともあって、残念ながらアイヌ文化が暫定リストに載せられなかったということのようです。その後、九五年に原爆ドームが史跡に指定されて、そして世界遺産になりました。

二〇〇一年に暫定リストを増やそうということで、小さな委員会をつくり、私も参加して議論しました。このときに石見銀山、熊野古道、平泉の三つを取り上げたわけです。

その際にこれも入れるべきではないかという議論が幾つかあり、その中で私が覚えているのは富士山と伊勢神宮です。富士山と伊勢神宮に関してはやはり日本の文化をあらわすのに非常に重要ではないかということで提案がありましたが、所有者の同意や国のいろいろな省庁の同意がとれなくて、このときには三つだけになりました。

このうち既に熊野古道は「紀伊山地の霊場と参詣道」として世界遺産になっていますし、今、石見銀山が申請中であり、平泉は書類をもう既に出していて、来年度の審査を受ける準備が整っています。

② 新しい仕組みから広がりが生まれた

このように暫定リストの数が減ってきたことから、二〇〇七年度にもう一回暫定リストを改訂することになったわけです。今、世界各国で暫定リストにどのようなものが載っているのかを見るだけで、その国の文化財がどのように考えられているのかよくわかります。世界の文化財の傾向が見えてきます。だからその中に、日本としてもきちんとメッセージを送るべきではないかということもあって、今年、改訂の話が進んだわけです。

今回が画期的だったのは、それぞれの自治体から推薦してもらう方法を初めてとったことと、構成資産も二つ以上で行わないといけないと規定されたことです。これは非常にユニークなことでした。

自治体側から自薦で挙げてもらうということについては、世界遺産の関心が高まってきて、いろいろなところでの準備活動がおこなわれていることもありまして、今までのように密室で決められる状況ではないという判断があったようです。また、地元から声を挙げてもらうことによって、新しいアイデアが生まれてくるかもしれないという期待も恐らくあったのだと思います。

それから、複数の構成資産が必要なことについてですが、一つのものだけを対象とすると、日本には国宝というものがありますから、どうしても国宝の上に何かスーパー国宝をつくるような感じになってしまいます。日光や宮島はまさしくそんな感じの世界遺産でありますけど、先ほどから申し上げているように新しい論理で新しいものの見方に広げていくことが大切だということであれば、複数のものを対象に挙げて、何か新しい物語をつくっていくということにチャレンジしてほしいということがあったのだと思います。

それで現在二四件がリストアップされているわけです。

これに関して文化庁の文化審議会の中に世界遺産特別委員会というものが結成されました。一七人のメンバーに私も入っていたのですが、ここで議論されることになりました。提出されたリストをごらんになってわかるように、非常に広範なものが挙がってきて、恐らく頭の中で、今までのように日本の文化財を並べていくだけでは出てこなかったようなものまであらわれてきているのではないかと思うのです。

その意味で、これから先、このようなことを日本の文化財行政が受けとめられないとすれば、今の法制度や行政の仕組みがまずいわけで、それを変えないといけないということにつながっていくのだと思います。

現実に、これとは別に今、文化庁の中に企画調査会という、基本路線を議論する会が立ちあげられて、新しい文化財保護行政のあり方を根本から議論し始めているのですが、恐らくは、このようなものをうまく生かしていける方向に少しずつ制度改正をしてくると思うのです。

暫定リストの提案を見ると非常にユニークなものも出てきています。先ほど申し上げた四国八十八箇所もユニークですし、例えば妻籠宿と中山道とをセットにした宿場町の文化なども非常に興味深い内容です。宿場町というものも日本独特なわけで、今回は中山道と妻籠宿と言っていますが、宿場町文化全体を広げて考えるとさらにおもしろいことが出てくるかもしれません。また、城下町で金沢と高岡と萩が挙がっておりますが、日本の城下町というのも世界から見ると非常にユニークなものなのです。ですから、それが世界遺産になるかどうかはまた別な議論ですけれども、このようなものを城下町として評価することで新しい評価軸をつくることになり、興味深い課題が投げかけられたと思うのです。

　つまり今までなら国宝があったり重要文化財があったり史跡があったり天然記念物があったり伝統的建造物群保存地区があったり、それぞれがばらばらであって、たとえば町というもの全体を大きくくくるような評価軸というものがなかったわけですが、そこに今回の暫定リストへの自薦の仕組みが一石を投じたのです。

2　日本の暫定リストを取り巻く環境

①　県を超えたストーリーが必要～長崎

　その中で、たとえば長崎が四つの暫定リストの中に選ばれたということなのです。これはストーリーが非常に明解で、国際的に見たときにわかりやすくてアピールすると評価されました。隠れキリシタンの弾圧の中から、それにもめげずに教会をつくり続けてきて、それは物として環境の中にもうまくマッチしています。それらが集落の生活の総体の中にうまくはめ込まれていることが評価されたのだと思います。ただ、教会が残っているのは長崎だけではなくて熊本側にもあるのですけれども、それを県に投げかけても、長崎県は長崎県だけでやるということが起きるわけです。だからこ

世界遺産暫定一覧表に追加記載の提案があった文化資産の一覧（都道府県順）

提案名	都道府県
1. 青森県の縄文遺跡群	青森県
2. ストーンサークル	秋田県
3. 出羽三山と最上川が織りなす文化的景観 －母なる山と母なる川がつくった人間と自然の共生風土－	山形県
4. 富岡製糸場と絹産業遺産群 －日本産業革命の原点－	群馬県
5. 金と銀の島、佐渡－鉱山とその文化－	新潟県
6. 近世高岡の文化遺産群	富山県
7. 城下町金沢の文化遺産群と文化的景観	石川県
8. 霊峰白山と山麓の文化的景観	石川県・福井県・岐阜県
9. 若狭の社寺建造物群と文化的景観 －仏教伝播と神仏習合の聖地	福井県
10. 善光寺 ～古代から続く浄土信仰の霊地～	長野県
11. 松本城	長野県
12. 妻籠宿と中山道	長野県
13. 飛騨高山の町並みと屋台	岐阜県
14. 富士山	静岡県・山梨県
15. 飛鳥・藤原－古代日本の宮都と遺跡群	奈良県
16. 三徳山	鳥取県
17. 萩城・城下町及び明治維新関連遺跡群	山口県
18. 錦帯橋と岩国の町割	山口県
19. 四国八十八箇所霊場と遍路道	徳島県・高知県・愛媛県・香川県
20. 九州・山口の近代化産業遺産群	福岡県・佐賀県・長崎県・熊本県・鹿児島県・山口県
21. 沖ノ島と関連遺産群	福岡県
22. 長崎の教会群とキリスト教関連遺産	長崎県
23. 宇佐・国東八幡文化遺産	大分県
24. 黒潮に育まれた亜熱帯海域の小島 「竹富島・波照間島」の文化的景観	沖縄県

れから先は長崎だけではなくて、天草や熊本側にあるようなものとどうジョイントするかということが課題になってくると思います。

また教会の建設年代がかなり新しいということもネックになるかもしれません。隠れキリシタンが隠れキリシタンでなくなってから教会が建てられているのですから。

その意味でおもしろいのは、九州、山口の近代化産業遺産群です。鹿児島の集成館、長崎のドック、小菅修船場のような明治維新前の文化遺産からはじまって、軍艦島や炭坑の遺跡、八幡製鉄所の遺跡まで含めて、幕末のころから西洋文化を取り入れようとして、それが急激に発達していった五〇年間くらいの中で、日本が軍艦島のようなものまでつくってしまったという一連のものをカバーしようという話です。一個一個をとると、それほどストーリーが見えてこないのですが、世界から見ると日本は工業国ですから、全部を合わせてみると西欧以外で初めて近代化をなし遂げた日本を牽引したのだという位置づけをすることができます、ソニーやトヨタをつくった工業国が、どのような形で近代化を達成できたのかということをうまく示す遺産だと言えなくはないわけです。

ところがこれを今までの文化財の仕組みのように、市町村が選び、都道府県が選んで、そのうえさらに重要なものを国が選ぶというピラミッド状のなかで考えますと、なかなかこういうものは選ばれようがないわけです。つまり県をまたいでいて初めて一つの価値があらわれてくるものですから、明らかに新しい仕組みの中で初めて出てきたものであって、今までの仕組みで都道府県の中から選ぶという形だけではうまく出てこなかったと思うのです。

公募という形式をとることによって、このような発想があたらしく生まれてきたことに意義があると思います。

② 世界との有機的な繋がりから地域のまちづくりへ ～石見銀山

今、石見銀山が話題に挙がっていますが(写真5)、これも複合的なものです。つまり、ここで一六世紀から一七世紀初めにかけて、日本はおろか世界の銀の三分の一とも五分の一とも言われている量を産出し、それが中国を中心とする東アジアの経済を大きく動かしたということが言われています。

ですからこれは世界史的な意味があることです。

　例えば、ことし恐らくマレーシアが提案してくると思われるマラッカという町は、ポルトガル人がつくって、スペイン人、イギリス人がその後使い、今はマレーシアを代表する歴史都市になりましたが、ここができた背景には明らかにマニラやホイヤンやハノイや上海、それから長崎まで至る非常に大きな貿易のネットワークがあげられます。中国の絹や日本の銀や東南アジアのスパイスがヨーロッパにもたらされた。マラッカが栄えた理由の一つに、日本の銀もあるわけです。

　つまりマラッカ側としてはこのように自分たちの意義をうたうわけですが、日本側から見ると石見の小さな町がそのような東アジアの経済ネットワークを動かすほどの世界史的な意味があるのだということが逆に証明されることにもなります。

　そしてそれが地域内にシステムとして展開され、ある一定の仕組みとして動いていったわけです。つまり銀を産出して、それが精錬されて、運ばれて、船で搬出されたのです。そういうことを考えると、今まで指定をされたものは、それぞれ伝建であったり史跡であったりするだけなのですが、それらをセットで考えて、さらにそれを世界の中で見てみる。そういう目を持つということが大切なのです。

　こういう今まで余り注目もされなかったような、中世からの産業の大きな仕組みがセットとして評価されようとしています。

　産業のシステムというのは一カ所だけでは成り立たないわけです。人がいてそこを掘り出す人がいて、精錬する仕組みがあって、運ぶ人がいて、運ぶ港があってはじめてすべて製品が輸出されるわけで、そういう全体の仕組みがうまく残っているということです。それは一個一個を見るだけでは、どこなの?というような感じになるわけですが、今のようなことを知ることがやはり大切なのです。

　こういうところに、街道があって六地蔵があって大森という集落があって、町並みがあって、港があって、これらはすべて有機的につながれています。全体が繋がれて機能し

写真5　石見銀山、大森の集落風景、鉱山の管理・運営を支えたまちである

ているということが大切なのです。温泉津という伝建地区の小さな港が世界遺産のコアとして提案されています。鞆の浦と呼ばれる小さな中世の港がやはりコアとなっています。これだけを見ると普通の港なのですけれど、よくよく見ると銀を運ぶ際に襲われないように隠れ里のように工夫された非常に防御的な港であったこともわかります。

そしてもうひとつおもしろいことは、ここは明治まで続いてきたので、近世以前から明治までのいろいろな歴史があるわけです。単なる廃墟に見えますけれども、もともとは集落があったところが、今、自然に帰ろうとしているわけです。さらに、ここの鉱山は人力が中心で、機械を用いた大規模な発掘をしなかったので、自然の改変が少なく、公害がほとんど出ていません。これはやはり鉱山の歴史としてはユニークなものなのです。したがって、自然と共生してきたということうした工法が用いられたことをうまく主張するということもあり得ると思うのです。

また興味深いのは、大森の町でこれから世界遺産になっていくことが現実化してくると、実際に観光客の人が来たり、町が大きく変わってしまうのではないかということが危惧されて、すでに去年の段階から170人もの地元の人が集まって、町をどうするかという議論を始めているのです。

そして実際に行動計画をつくって、いろいろなことを始めておられます。今もそれが続いているわけなのです。住んでいるところ自体が世界遺産になることは非常に難しい問題を抱えるわけですが、それをあらかじめ自分たちへの問題として、うまく乗り越えるために将来的な変化を予測しながらルールを決めたり議論をしていこうと取り組まれているわけです。これは、日本で他の地域にはないことです。このようなまちづくりといわれることが世界遺産の中でも起きてきています。

③　過去の記憶を現在の都市計画へ　～平泉

一方、平泉も先ほど申しましたように最初は日本にとってみると、東北の地にこのような文化が栄え

写真6　平泉、無量光院跡

たということはすばらしいし、柳之御所からは何万点という木簡やさまざまな遺品が出て、充実した都市の姿が次第に明確になってきたわけです。

でも、いろいろと議論していく中で、この町で、ほかの町と違う「大切なところは何か」ということを考えるようになりました。今回提出した世界遺産の提案書の中で一番ポイントになっているのは、文化的景観です。

現在無量光院跡となっている遺跡（写真6）には、藤原秀衡時代に浄土庭園がありました。その奥に宇治の平等院鳳凰堂によく似た建物、無量光院ですが、がそこにあったのです。そしてその背後に金鶏山という山がありまして、それを向こう側に見ていたわけです。そして手前には行政の中心がありました。

つまりこの風景の意味は、金鶏山からお寺があって、池があって、そしてこの景色全体が浄土をあらわしていることにあります。浄土の思想を地形の中でうまくはめ込んで、それが一つの計画の軸になって都市計画をやってきたのです。それが藤原三代にわたって新しい軸と地割を持った町を、それぞれにつくりあげました。すなわち、中尊寺と推定平泉館を結ぶ清衡の地割り、毛越寺、観自在王院と金鶏山を結ぶ基衡の地割り、金鶏山と無量光院そして加羅御所を結ぶ秀衡の地割りの都市計画です。それぞれ軸線が違うのですが地形と浄土信仰が重なって、一つの新しい都市の姿があらわれたことをアピールしようとしているのです。

またそのなかで無量光院は、焼き払われたわけですが、焼き払われた跡を、だれも住宅地化することがなかったわけです。周辺に住んでいた人は、この土地がそのような聖なる場所だという記憶を、その後も持っていたのだろうと思います。

現状を見る限り、ここを尊重している感じはわかりますが、しかし後ろを振りかえると普通の町の景色になってしまいます（写真7）。この部分も尊重してほしいわけです。前にとりたてて特色のない道路が通っている、それらの景色が次第にいいものへと変わっていくことが、ここの町のまちづくりであり、この

写真7　平泉、無量光院跡周辺の街路の風景

町の課題だと思うのです。町は今まさにこのような難題に取りかかろうとしています。

④ 信仰の山としての再生と環境保護 ～富士山

富士山も暫定リストの四つに選ばれたなかのひとつです。富士山がなぜ選ばれたかといえば、日本の代表する山ですが、これは文化遺産として重要だということです。自然環境の面で見るべきところはもちろんありますが、この山が信仰の山でもある事が大切です。山梨県側には浅間大社や御師の集落があり、富士講の人たちがとまっていたところが今でも残っています。そこでまずお参りをして、それから富士登山が始まるのです。ふもとから富士山が始まって山に登るという信仰のルートが何本かあるわけです。

それから現実的に今でも生きている富士講という庶民の講もあって、修験道もあり、また文学や絵画にも影響を与えた日本のシンボルとして、世界の観光にも影響を与えたという点が評価されました。

ただ、やはり細かく見てみるといろいろと問題があるわけで、富士吉田の御師の集落は建てかわりが多くなっています。

また富士山の五合目ですがここまで有料道路が来ており、年間ここまで来る人は二〇〇万人ぐらいと言われています。年間といっても富士山が開いているのは七月から八月末までですから二カ月間に二〇〇万人もの人がここへ来るのです。すると信仰の山には合わないものも当然出てきます（写真8）。でも、ここの観光施設の人たちにこれを即刻やめろといったら、やはり抵抗を受けますのでこれらをどうするかという大きな問題があります。

ここから上はほんとうの登山になるわけですが、登山をする人は二二万人ぐらいといわれています。ところが、ここまで道路ができてしまったために、ふもとから五合目まではほとんど登る人がいなくなってしまったのです。昔からの山小屋も消えており、道もほんとうに荒れてしまっています。した

写真8 富士山五合目、富士スバルライン終点付近の光景

がって、ここをもう一回再生し、ふもとから登っていく山として再生していくことは、大きな課題として残されています。

ごみは結構なくなりました。ほとんどないと言ってよいかもしれません。トイレもすべてバイオトイレになりましたので、その意味で言うと環境的にはかなり整ってきました。ただ、山小屋にはまだ課題があります。山梨県側、静岡県側あわせて五〇軒近い山小屋があるのですが、この富士山の景色にマッチしないものが多々見受けられるのです。また、努力しなくてもお客があるせいかサービスがよくありません。

それと、富士山の頂上に自動販売機があるのですね（写真9）。信じられない光景ですがこういうものも考えていかないといけない、問題が非常に多いわけです。

3　世界に対するアピールと地域の再評価

最後に、これら暫定リストが示唆するものですけれども、やはり多様な遺産の提案が出てきたこと自体があげられます。小さな専門家集団だけで議論するより、いろいろなところから提案を受けることによって遺産の考え方そのものが広がってきたのではないかと思います。

ただ、具体的にここが大切で世界の中で意味があるのだという物語をきちんと構築できるかということはこれからの課題です。

また、そういう物語をうまくつくっていくためには、構成資産の広がりも必要になってきます。ただ、コアの部分が広がってくると、ストーリーの全体性をどうやって守っていくかという内容の面での問題とどうやってそれを守っていくのかという実務面での問題を抱え込んでしまうことがあります。

日本の暫定リスト全体の議論をすると、やはり同じようなものをどのようにまとめるかという問題もあります。松本城は今回出されましたが、彦根城もあるし、既に登録された姫路城もある。そうすると例えば全体をまとめてもう一回、日本の

写真9　富士山山頂の光景、自動販売機まで完備（？）している。

近世城郭というようにくくり直すとか、そのようなことがあってもいいのかもしれません。

それから、やはり日本を越えた評価軸のようなものが必要です。日本の中で大切だということは日本にとっては重要ですけど、それだけでは説得力に欠けます。

それと観光の問題ですね。特に人が住んでいるところは、やはり違う仕組みが必要になってくると思います。

大きなモニュメントだとか、宗教の施設だとか、人がくることが前提となっていろいろな仕組みができ上がっているところと、全くそうではない集落とではやはり状況がかなり違うので、よほどの細かい調整が必要にってきます。特にマネジメントに関する事前の態勢づくりというのが重要になってくるだろうと思います。

それからもうひとつは、今回はマスコミも大変フィーバーしているわけなのですが、世界遺産だけが文化遺産の問題ではないだろうと思うのです。もう少し地域にさまざまなレベルの遺産に目を向ける必要があるのではないか。それを「地域遺産」と呼ぶとしますと、そのような広がりがないと世界遺産の暫定リストの議論だけをするのでは不十分ではないかと思うのです。山が高いためにも広い裾野が必要です。

世界遺産というのは本来的には遺産を守ることの一つのモデルだということです。それは非常に複雑にできていて、よくできたモデルですけれど、やはりモデルであって、そのモデルはいろいろな地域バージョンで応用しながら考えることができるだろうと思います。

同時に、遺産の概念は日本だけでもこのような広がりがあるわけですから、世界で見るとやはり年々広がってきているのだということが言えます。世界は多様ですから、やはり多様な世界をあらわすには、地域も多様なものでさまざまに広がっていくのです。しかし、世界はひとつなので、ひとつの世界に対してアピールする論理というものをつくっていかないといけないという側面も存在します。

いずれにしても、基本的には地域を見直し、その地域の一番の根本は何なのかということを評価し直すところから遺産は始まるわけで、その意味では地域を見直す目が一番重要なのだと思います。それは単に世界遺産になるかならないかとか、また暫定リストに載るか載らないかという当面の関心事以前に、まずは地域に目を向けることです。

自分たちの地域の宝をいかに見て、そしてまた変なことが起きないように、そういう宝を磨いていって、変な公共事業や高層ビル工事をやらなくてもいいような、もしくはおかしくなってしまったところはもう一回元に戻していくような、そういう目を持って、そして地域の遺産を大事にしていく、その思想の広がりがあってはじめて頂上の世界遺産が生きてくるのではないかなと思うのです。

ですから、単に暫定リストに載ればハッピーとか、こちらだけの議論をやっていくのでは、問題はなかなか解決しないのではないかと思います。また、一〇年後には地域ぐるみでもっとよくなって、アレックス・カーさんに「よくなってきてるね」と言われるような地域を、それぞれのところがつくりあげることが必要なのではないかというように思います。

どうも、ご清聴ありがとうございました。(拍手)

(平成一九年一月二六日)

論究1

世界遺産としての高野山

——宗教環境都市と景観——

後藤《ごとう》 太栄《たいえい》〈高野町長〉

住民が一体となった登録運動

「高野山を世界遺産に」をスローガンに掲げ、高野の住民が一体となった市民団体、高野山世界遺産登録委員会が活動を始めたのは平成七（一九九五）年のことであった。平成一一年（一九九九年）には、ユネスコ世界遺産センターの前所長、バーン・フォン・ドロステ氏を顧問に迎え、その指導のもとで実地調査やセミナーを重ね、私たちは高野山の文化遺産、自然遺産の普遍的価値を、あらためて見直したものである。

【プロフィール】
1957年高野町生まれ。
1979年高野山大学文学部密教学科卒業、宗教法人西禅院責任役員、総本山金剛峯寺高野山真言宗教学部
1987年高野町議会議員
1995年高野山世界遺産登録委員会委員長
1996年社団法人橋本・伊都青年会議所理事長、
1997年高野町議会議長
2004年高野町長
2005年宗教法人大乗院代表役員

運動の熱意が国や県に伝わったのか、平成一五（二〇〇三）年一月、高野山は、熊野、吉野山などとともに「紀伊山地の霊場と参詣道」のコアゾーンのひとつとして世界遺産リストにノミネートされた。

国によっては、市民団体が主となって世界遺産の推薦に関わる。しかし日本では、これは国事行為とみなされ、国や都道府県の同意なしには一歩の前進もない。事実、私たちの運動もこの壁に戸惑った時期もある。同じアジアの国では、フィリピンなどは民間が主体となって世界遺産のノミネートを行っている。

日本が世界に約二〇年遅れて世界遺産条約を批准して間もない平成四（一九九二）年ごろ、文化庁筋から世界遺産リストへの登録について関係者に打診があったと耳にしたことがある。

当時、関係者は世界遺産にまったく興味を示さず、丁重に辞退したとも聞く。もしこの時、高野山が世界遺産になっていれば…と今になって残念に思うのは私だけではあるまい。

高野山における世界遺産登録への機運の高まりは、橋本市を訪れた竹村健一氏が時間調整で高野山を訪問され、世界遺産登録を強く提唱したことがひとつのきっかけとなった。

世界遺産の目的

すでに世界遺産に登録されている五箇山（富山県）を数年前に訪ねた。登録申請の準備を担当した村の教育委員会によると、登録の際に舗装路を石畳にし、郵便ポストを昔の形状のものに戻すなど、さまざまな整備を行ったらしい。

しかし世界遺産委員会の調査担当者は、そんなことには目もくれず、思いもよらなかったことに着目したという。

それは菅沼、相倉集落に残る「結（ゆい）」という風習である。結とは、十数年ごとに茅葺き屋根を葺き替える普請のことで、村びとが総出で助け合う相互扶助の風習である。

私たちは、世界遺産リストへの登録について、国宝や重要文化財の数や、建物の伝統的なセッティングについ目を奪われがちだが、条約の目的に照らせば、モノと精神が共に息づいている地域を永続的に維持していくことが世界遺産の目的であることを再認識したのである。

カルチャーツーリズムの胎動

高野山世界遺産登録委員会の活動に対し「観光客の増加を目論んでの活動は不純ではないか」、との指摘を受けたことがある。その疑問に対するドロステ氏の答えは実に明快だった。

…第二次世界大戦中、兵士を除いて人間は地球上をほとんど移動することはなかった。人々が地球上を活発に移動するということは平和の証である。世界遺産を訪れる人々が増えることは教育・文化を通して平和を実現するというユネスコの理念と完全に一致する。カルチャーツーリズムという概念はここから生まれたのだ…

観光と遺産の保護は決して矛盾しないし、してはならない。それにははっきりとした理由がある。ユネスコ世界遺産委員会は登録サイトを保護するための独自予算を持っていないからである。

世界中の登録サイトの中には過剰な観光化の進展によって荒廃が進んだり、経済的に維持管理が至らず朽ち果てたものもある。

一方、観光収入に頼った形で遺産の維持管理を目論んでいる地域もある。

どちらも賛否両論はあろうが、その維持の方法について条約は詳細には規定していない。むしろこの場合は、その地域に住む人々が最善の方法を見つけ出すよう促すのが条約の目的なのだと積極的に理解すべきであろう。

そのためには、世界遺産というブランドを手に入れて満足するのではなく、条約の理念と目的を地域ぐるみで学習し、理解することが非常に重要である。

「遺産」という誤解

また以前から主張していることであるが「世界遺産条約」に〝遺産〟という訳語が使われているために生じる誤解がある。〝遺産〟という単語には過去の遺物というイメージが重なるからである。世界遺産の理念は過去の遺産のリスト化ではなく、人類普遍の価値観の共有にある。また、文化財など形ある〝モノ〟のリスト化と捉える傾向もあるが、決してそうではなく、その〝モノ〟とその〝モノが存在する条件や状況〟とが両立しての所謂「普遍的価値」のリスト化である。

高野山などの登録地域にはそれぞれの成立条件や存在意義がある。高野山は言うまでもなく弘法大師空海のご誓願に基づいて成立し持続してきた。その根元的な意味合いは一二〇〇年を経過した今もまったく変わりがない。そのことを再確認するだけで我々が成すべき事が見えてくる。

宗教環境都市とは

現在、高野町は「宗教環境都市」をコンセプトとして行政を行っている。ここで云う〝環境〟とは水や空気などの自然環境だけを意味するのではなく、人と人、人とモノ、人と自然、そしてモノと自然との関係性も含めた意味で使っている。

つまり高野山は開創当時からそれらの関係性の中で存在してきた町であり、それが高野山の普遍的価値だと云っても過言ではない。

この町で建造物を所有し管理する者は個人であれ組織であれ「建物は個人（組織）の所有物だが、景観は公のものである」と強く認識する必要がある。

なぜならば、高野山の風情と存在価値を維持してきた〝環境〟を構成する大きな要素である景観に配慮することが、高野山の普遍的価値を維持してゆく為には不可欠であると考えるからである。

木造建築物観の変化

木造の建物に対する日本人の価値観は戦後急速に変化した。木造建築のデメリットばかりが強調され、その結果、生活文化の必然として日本全土で培われてきた建築技法が著しく軽視されるようになってしまった。気候の変化やライフスタイルの変化による非木造化への緩やかな移行であるならば、現在のような街並みにはなっていなかったであろう。明らかに日本国民全体が支持した国の近代化の方向性に同調した結果に見える。それでも他の地域と比べると本来の存在意義に叶った町へ回帰することは容易だと感じている。

高野山における Strategic View

西洋には Strategic View という考え方があるらしい。それは戦略的眺望とでも訳せばいいのだろうか。たとえばロンドンではセントポール寺院とビッグベンが同時に見えなければならないらしい。それを阻害するものは人工物であれ、自然物であれ一定のルールで排除するという。

高野山にも戦略的眺望は必要かも知れない。というのは眺望という意味では壇上伽藍にそびえる根本大塔は山内（境内）のあらゆる場所から見えることが、宗教的な観点からも必要ではないだろうか。また、六時の鐘の鐘の音が条件によって、現在でも希に一の橋あたりで聞くことができるが、ほとんどの場合は木々や建物に遮られ、その上都市型の騒音があるため聞こえない。

成長し過ぎた木々を間引いたり、戦略的に建物や自然物を配置、構築することが今後必要だと感じている。あらゆる手段と英知を結集して連続的な街並みを再構築し、その上で静寂な境内を取り戻すことが、結果としてあらゆる職種の住民の利益にもつながると確信している。

建築不自由の原則

西洋は建築不自由の原則であり、日本は建築自由の原則だと云われている。

日本人の民族性から原則的に建築は自由であっても、連続的で協調性に満ちた街並みをステークホルダーの合意の元で形成する、という概念が欠落してしまった今、山内（境内）においては建築不自由の原則という概念の導入も視野に入れねばならないであろう。

具体的には聖なる部分は本山の山規で、俗なる部分は町条例で戦略的に〝世界遺産としての景観〟を再構築していくムード作りを急ぐべきである。

また、国の景観法の指定を受け、積極的に街並みの再生に取り組む方法も一案であろうが、最も大切なことは〝世界遺産としての景観〟が〝聖地としての景観〟と完全に一致することを理解することである。高野山を訪れる者、住む者、すべてに利益のある高野式 Strategic View の構築を急ぎたい。

高野山が目指すもの

最後に我らが目指す世界遺産像とは何か？

それは〝世界遺産の高野山〟ではなく〝高野山は世界遺産でもあるのだ〟という気概と実践であろうと思う。高野山という壮大な文化の一部が世界遺産条約の理念と一致したのだというスタンスで捉えるべきである。世界遺産条約の理念を包括しつつ発展し存在していく姿勢こそが、持続可能な美しい地域づくりにつながる今後の高野山のあるべき姿だと確信している。

（注）記述は「別冊太陽　高野山　弘法大師空海の聖山」（二〇〇四年 平凡社）、「高野山時報　第3091号」（二〇〇七年高野山出版社）に寄稿したものと一部重複していることをおことわりします。

論究2

世界遺産をどうやって持続させるか？

五十嵐 敬喜〈法政大学法学部教授〉

高野山は二〇〇三年、世界遺産の登録を受けた。高野山は空海が唐からもたらした真言密教の山岳修行道場として八一六年に創設した「金剛峯寺」を中心とする霊場である。金剛峯寺の伽藍形式は、真言密教の教義に基づき本堂と多宝塔を組み合わせた独特なもので、全国に四〇〇〇ヶ寺ある日本の真言宗寺院における伽藍の規範となった。また、キリスト教を日本に伝えた宣教師フランシスコ・ザビエルが一五四九年にインドのゴアに書き送った書簡には、高野山は日本の六つの主要な大学のひとつとしても紹介されている」（世界遺産登録推進三県協議会「世界遺産　紀伊山地の霊場と参詣道」の中の「登録の価値証明」より）。世界遺産登録以降さらにその名声は広く伝わり、連日お遍路さんの巡礼や観光客の訪問が絶えない。周囲を神聖な森に囲まれた高野山は四季折々の自然と相和しまさに密厳浄土のような美しい都市である。ここは「永遠」に見える。しかし、実際をよく見ると、ここにも極めて現代的な危機が訪れているという事実は率直に受けとめなければならない。美しい都市はどのようにしたら持続できるか。高野山の例はこのテーマを考える絶好の素材となっている。そこで以下、まず高野山を例にとって危機を報告しておきたい。

1　高野山の特徴

高野山は大きく三つの特徴を持っている。

一つは「山岳宗教都市」であるということである。この意味は山岳と宗教の二つにわけて見なければならない。

ここは「山岳」都市である。現在、日本中のほとんどの都市は平地にある。都市とは学校、病院、商店街などの一定の公共施設を持ち、住民はテレビ、自動車、インターネット、電気、ガス、ストーブなどの恩恵を享受しながら生活しているところをいう。高野山もそのようなインフラを持つ都市である。しかし広大な山に囲まれ春、夏、秋、冬の季節感がしっかりしている点で平地の都市と異なる。都市と自然との共生、これがここの大きな特徴である。

ここは「宗教」都市である。都市には商業都市、工業都市、生活都市などがあるが、宗教都市というのはそう多くはない。奈良や京都、あるいは鎌倉なども宗教施設は多い。しかし、それでもそこは歴史都市ではあっても宗教都市とは言わない。それに対してここはおよそ一二〇〇年前に「真言宗の修行道場」としてつくられ宗教一色に塗りつぶされた完全な宗教都市であり、創設以来、女人禁制というタブーを守りつつ、沢山の寺院が建てられるようになり江戸時代には二〇〇〇もの寺院があったという。現在でも一〇〇以上の寺院が軒を連ねている。女人の参拝や居住が認められたのは明治後半であり、それ以来、寺院と町民が共存する都市となった。そういう意味ではここは最も若いたかだか一〇〇年の歴史しか有していない都市ともいえる。町民は伽藍と奥の院という主要宗教施設を結ぶ道路沿いに、寺院と寺院にはさまれるようにして生活を始めた。奈良や京都あるいは鎌倉など代表的な宗教施設を持つ都市と比べると、町民がいわば境内地に住んでいる、という点は他の歴史都市と異なる特色といってよいだろう。宗教的な言語で言えばここは「結界」によって仕切られる都市なのである。

二つ目の特徴は世界に類例のないユニークな教育都市であるということである。

ここは人口四〇〇〇人の町（およそ三〇〇〇人が市民、一〇〇〇人が僧侶）であり、幼稚園と保育園、小学校、中学校、高等学校そして大学院を持つ大学がある。このうち小学校と中学校が町の公共施設であり、高等学校そして大学が高野山金剛峯寺が経営する教育施設である。

この町の教育の起源は一二〇〇前の空海の「綜芸種智院」にあり、幼稚園から高校までは普通教育が行われているが、大学は「密教教育」を主として僧侶の養成を行う（僧侶になる方法はこれだけでなく、他にも専修学院、真別所、個別寺院での修行などがある）。

たった四〇〇〇人の町で、このような完璧な教育システムを持つところは世界でもほとんどない。

そして三番目の特徴はここは日本でも有数の観光地であるということである。

ここにはお遍路さんを含む観光客が年間およそ一二〇万人ほど訪れる。伽藍、奥の院、そして霊宝館、個別寺院などはすべて良質な観光資源であり、個別寺院の朝の勤行はここの独特な魅力である。又ここは周囲を山と女人道に囲まれており、周辺を歩くのも森林セラピーなどとして評判になっている。

町民の九〇％がお土産やガイドその他宿坊関係などの「観光」に依存していて、残りは役場の公務員などである。

2　高野山の構造問題

高野山には年間を通して多くの観光客が訪れている。夏は、金剛峯寺などが主催する夏期大学、大学の通信スクールそして町役場の高野山学など「教育」一色になる。「空海」の人気はますます高い。生け花、声明、書道、琵琶の演奏などの伝統的密教芸術も魅力である。本山の宗教の年中行事や町の青葉まつりなどの行事は、荘厳、格式、伝統、神秘性などの点で他を圧倒し、これに各寺院、町、大学などで行われるシンポジウムや演奏会などを入れればほぼ毎日なんらかのイベントが行われている。それを見ているとここはいかにも一二〇〇年の歴史を有する悠久不変の都市であるかのように見え、外側からこの町の危機を知ることはほとんど不可能に近い。しかし現実はそのようなものではない。ここを発信地として今回のシンポジウムを開催した理由がここにある。しかもここで提起しようとしている諸問題は、世界遺産に登録された都市、これから申請しようとしている都市に共通すると考えられるのである。

(1) 人口問題

なんといっても最大の問題はこの町の人口が劇的に減少しているということであろう。この町のピークは一九三〇年であり当時の人口は約一万人(一九五八年に合併した富貴村との合計)であった。一九六〇年には一万人を下回り、それ以降、今日まで人口減少が続き、現在は四〇〇〇人台になっている。その減少率も全国でも二〇位以内という急激なものである。高齢化・少子化が極端に進行している。なおこの町では二〇歳台の人口が多いが、この主力は大学生である。大学生はこの町に下宿するものや周辺から通学するものなどがいるが、いずれにしてもこの町の活力源である。しかし、最大の活力源であるこの学生にも大きな変化が生まれていることに注意しておきたい。

高野山大学の大学生の推移とカリキュラムの変遷を見ると、人員も科目も激減している。現在の学生は志願者がピーク時の二〇分の一、入学者も激減し、定員割れという状況となった。その原因はさまざまであるが、ここではとりあえず大学はこの町の教育システムの頂点にあり、ここの衰退は当然のことながら高校、ひいては中学・小学そして幼稚園まで影響していること及び教育の衰退は教育の危機にとどまらず、町の経済を直撃し、学生相手のアパート、食堂、各種売店などなどがことごとく破綻し始めたことを指摘しておきたい。

(2) 経済破綻

何故人口が減るか。端的に言ってここでは暮らせなくなっているからである。その最大の理由は経済にある。今度は角度を変えて観光の面から見てみよう。

確かにここは日本でも有数の観光地である。しかし日本中の観光地と同じように、観光客が宿泊しなくなり通過してしまっている。一二〇万人の観光客のうち、宿泊者は三〇万人に過ぎない。多くの観光客は大型観光バスでここを訪れ名所を駆け足でめぐった後、白浜の温泉地に移動し宿泊するというコースが定番になった。お土産屋に落とす費用も想像以上に少額である。観光に圧倒的に依存しているこの町では、観光客の減少は寺院と町民の双方にとって学生の減少とともに大きな経済的打撃となっているのである。

（3） 景観の混乱

お遍路さんに象徴されるように多くの人は信仰のためここを訪れている。しかし、それだけでなく、この寺院街の美しさに魅せられて訪れる人も勿論多い。世界遺産登録後急に増えてきた外国人も、信仰そのものもあるがこの信仰を背景にした全体としての景観のよさに惹かれてというのが多い。ところが町民及び経済の衰退は、この景観にも大きな影響を及ぼす。資料館、運動場、学校などの公共施設は徐々に使われないまま老朽化し、町民の家も廃屋が目立つ。表通りに面した商店街も寂しくなっている。寺院側も頑張ってはいるが、隆盛というわけではない。これが徐々に美しい景観にボディブローのように効いてくるかもしれない。また観光に依存したこの町は大型観光バスに占拠され、歩行者に不快感を与えている。

3 世界遺産を科学する

この問題にどう対処するか。この町を持続させるためには、この町が有している根源的な魅力が維持されかつ強化されなければならない。人口問題、経済破綻そして景観破壊は、連動しており一体的で構造的なものである。人口が減少するのは経済問題があり、経済が振るわないのは観光が振るわないからであり、観光が振るわないのはこの町が美しくなくなったからである。因果関係は明瞭である。そこで今度は論理を逆にしてその対策を考えてみることにしよう。

景観は守るべきものであると同時に新たに創り出すものでもある。そこでまず守るという面から見て行こう。守るについては日本でも、文化財保護法（点と線）、景観法（面）などができ、世界遺産のキャンペーンなどでこれらの制度はさらに強化されていく傾向にある。これらの制度を武器に、今後、特殊な建築物、例えば公共建築あるいは民間建築でもモニュメンタルなものについてはコントロールできるようになるだろう。だが、これはあくまで一つ一つの建物に限定される。日本のように「絶対的な土地所有権」のもとでほとんど勝手放題というような建築の自由が認められている国で、これら特殊な建築物と、普通の市民あるいは普通の会社が行っているマンションや建売などの建物を連続させることは大変難しい。景観が良いとは、ここ高野山のように街並みが連続することである。高野山だけでなくそれは世界の都市を見ればすぐわかる。世界遺産に登録されているような都市は、高さ、建築様式、建築素材などいろいろな要素が「連続」していることが不可欠の要素となっているのである。建物を連続させていくためにはどうするか。美しい建物のすぐ隣に建てられる建築の自由の名による乱脈な建築に対してどうするかということを本格的に考え、しかも正面から向き合わなければならない。従来の景観論あるいは「規制論」に決定的に欠けていたのは、この分野、すなわち、個人や企業を問わず普通の日常的な建物・建築行為について、景観の一翼を担うという自覚を持たせ、さらにこれをよりよいものに作り直していくという行動に参加させる、そのためにはどうしたら良いかという部分であった。そこでこの論点をはっきりさせるために普通の建物を生活景観として考えていくことにしたい。これは「守る」から「創る」という論点に連動する。

日本では、戦後、高度経済成長以降、特に昭和三〇年代の生活建築は、財産権（建蔽率や容積率に始まってあらゆる規制は日本では財産権を侵害するものと捉えられている）や、建築の自由（日本では法的に自分の所有地でどんなものを建てようと自由だと考えられている）、あるいは市場経済（日本では建築行為はそこで営まれる生活よりも市場が優先すると考えられている）の対象とされて、これは景観などという価値をはるかに超えるものだとされてきた。景観などどこのような価値を盾に取られればひとたまりもないのである。日本ではこのような価値観はほとんど「遺伝子」になったと思われるくらいに強固になっている。そのような環境の中で市民が自らの建築に責任を持つという発想は次第に薄くなりつつある。率直に言えば、市民は建売住宅にしろマンションにしろパンフレットによる購入者・消費者にすぎなくなっている。勿論消費者にとっても景観を含めて住環境は値段や広さに勝るとも劣らない重要な要素であるが、なぜかこの消費者はその購入した建物が周辺の景観を破壊していることは絶対に見ようとしない。また事業者のほうも自ら平気で景観を破壊しながら、逆にその破壊した景観を商品の最大価値として宣伝し売りつけているのである。言い換えればこのような景観破壊マンションは購入者がいるからこそ作られるのであり、その意味で景観破壊は事業者と購入者の合作といえよう。彼ら事業者・購入者以外にも、国交省や自治体も、景観などお構いなしに容積率などを緩和し市場経済を推進してきた「犯人」であり、又本来職業的に景観とかかわりその向上に力を尽くすべき建築家や都市計画プランナーなどという専門家も、奇抜で独りよがりなデザインを売り込んだり、規制緩和になんら抗することなくむしろ先頭に立って推進してきた。

これを根本的に変更するためにはどうするか。これを「科学」として考えなければ世界遺産は維持できず、いわんや今後そのような都市を創るのは不可能であろう。なおここで言う「科学」とは、自然科学のような実験可能でありまたそれは計測可能である、と言うような狭義のものではなく、言わば社会科学として多くの人が共有できる基準というような広義のものとして捉えておきたい。どうしたら美しい都市は創れるか？

（1） 祈り

景観は、根源的には人々の心の中に「美しいもの」を創ろうという欲求がなければ誕生することはない。かつてこの美の発心者は、絵画、音楽さらには建築までほとんどが王、あるいは宗教、貴族といった特権階級のものであった。こんにち世界遺産とされているのはこのような人たちによって創られたものが多い。いわゆる庶民は「職人」として創る作業に参加し、その美を享受してきた。しかし、現代は良い意味でも悪い意味でもこのような特権階級の存在を認めなくなっている。戦後憲法の国民主権に象徴されるように国民が主役となった。そこで改めてこの主役である生活者は、果たして美しきものを創ろうと「発心」するかということがここでの問題設定なのである。

そして結論から言えば、私はこの美の発心のもっとも深いところに「祈り」（宗教はこれを教義的にあるいは物理的に体系化し組織化したものである）があるのではないかと考えるようになっているのである。

高野山はそのような発心に基づいて創られた典型的な都市である。しかし、戦後「祈り」を共通の基盤として主権者である国民が頑張り美しい町ができたという話は日本だけでなく、世界でもほとんど聞いたことがない。それは主権者の心、民主主義などという制度の中に、この肝心の「祈り」が存在していないからではないだろうか。「神は死んだ」という近代の哲学、あるいはオウム真理教などのカルトの流行などにより、祈り（特に宗教）は「胡散臭いもの」「遠いもの」「日常生活とは無縁なもの」といった観念に覆い尽くされるようになり、儀式（お盆の時の墓参り、その他クリスマスや正月の初詣など）の時は別にして、日常生活からは排除されてしまった。このような状況の中で美しきものを創ろうとする心はどのようにして生まれるか。

私たちは今後美しい都市を創ろうとする場合、この祈りを真の科学の対象として研究や実践の対象にしなければならないのである。

（2） 経済

さて祈りを科学し、復活させるに当たって、現代ではこれを観念的に推奨・展開するだけでは、一人ひとりの心はつかまえることはできても、多くの人に共有させることは、ほぼ絶望に近いということを確認しなければならない。美しきものを求める心を一人ひとりの心の中に封じ込めないで、多くの人たちに共有させ、しかもこれを共同の規範にしていくためには、全員に共通するある種の欲望と結びつく必要がある。宗教の場合これを「現世利益」（厄払い、家内安全、商売繁盛、交通安全など）の具現化として実体化してきた。だが、それはあくまで個人の救済にとどまっている。多分、現代資本主義社会で美しい都市を創る心を発心させるもっとも単純で力強い動機付けは「経済」と結びつくということであろう。「観光」はその典型である。観光の中核は美にある。そして美しい都市を創ることが経済に結びつく、とわかった時、人はこぞって美しいものを作るレースに参加するのである。ひょっとすると経済は今や祈り以上の重要な価値なのかもしれない。ホテルや旅館、お土産屋といった観光に直接結びつく建物だけでなく、地域の生活者もこれと無縁ではいられなくなる。地域の生活者も利益の配分をえるために、こぞって美の競争に参加するようになる。しかし先ほどの高野山の構造問題に見たように観光もかつてのように人が来てくれさえすれば地域に金が落ちるというものとは程遠くなっているという事実を覚えておかなければならない。端的に言って観光もいまや高度に組織化・技術化され、利益の配分には極端なバイアスがかかるようになっているのである。有名観光地でも、空室が多く、当のホテルや旅館だけでなく、お土産やタクシーなど観光に依存している生活者はこの不振をまともに受けるようになった。表面的な華やかさと違って、観光地の実際は町民は職を失い、貧困化している。

観光以外に美しきものが経済と結びつく可能性のあるものとして地場産業の興隆、あるいは世界のブランド街として一躍有名になった表参道、東京上野のアメ横のような特殊な商店街、ディズニーランドのようなテーマパーク、そして企業による美しい都市などが考えられる。しかし、地場産業は安いもの・機能的なものなどという消費者の欲求に押されてどこでも崩壊し始めている。既存の商店街はほとんどが閉められ、大型スーパーは美とは無縁である。テーマパークもほとんどが大赤字、日本では企業城下町で美しいところは見られない。

経済と美しい都市をどのように結び付けるか、これも科学にとっても大きな課題なのである。

(3) 民主主義と権利

一人ひとりの美しいものを求める心は、経済的な刺激とともに、もうひとつ、これを集約するシステムと連結されない限り、町全体としての美しさは作り出すことができない。集約のシステムの最大のものは法律と条例である。日本はこの「集約システムの存否あるいはその質」という点でアメリカやヨーロッパと比べると格段に遅れを取っている。

これは科学の焦点でもある。そこで以下少し原理的に見ていくことにしよう。アメリカやヨーロッパ、あるいはより端的に言って世界遺産に指定されているような昔ながらの都市はそのほとんどが法的な規制とはほとんど無縁に創られている。例えばイギリスのケンブリッジ大学のキャンパス。多分あのまことに全体的で微妙なバランスを持つ美しいキャンパスはとても現代のマスタープランや住民参加などの手法だけでは作り出せない。イタリアのベニス、アメリカの田舎町などもそのような法的な強制なしに創られている。これらは、マスタープランや条例だけでなく、多分に建築家という専門家すら存在しないで作られている可能性がある。職人技術が町を作り上げたのだ。高野山の寺院街もそのようなものである。世界中の美しい町は創られた年代も、地域も、建築スタイルも全部異なっている。しかしこのような町に一つだけ共通する項があるということがわかる。それは同じような建築素材を使用するという合意が存在していたということである。かつての日本でもそのようなものとして草葺の屋根、木材、漆喰壁などが選ばれ、それは町全体に統一観と秩序をもたらした。統一された秩序、それは美しきものの本質とかかわっている。ところが、近代にはいってこのような統一観は、コンクリート、鉄、ガラスというようないわゆる近代工業製品の開発と進化によって打ち壊され始めた。超高層ビルはその象徴である。

そこでこれらの国々では、都市計画法あるいは建築基準法などの法律によって、これに対処するという姿勢を取り、地域的には条例によってその個性や美を守ろうとし、国民もこれを支持した。これが現在の美しい都市に繋がっている。遅ればせながらこれらに学びながらようやく日本でも、法律によって、マスタープランや条例を定めることができるようにしたのである。しかし、諸外国と異なって、日本にはこの法律による美の集約というシステムにも大きな悪い要因が巣くっている。それは逆説的に言えば近代が持つ悪魔性とかかわっているのである。そこでここでは簡単にこれを復習しておきたい。

法律によればまちづくりの主役は自治体となっている。マスタープラン（町全体の他、景観、緑、商店街、再開発といった個別テーマにかかわるものがある）は通常、コンサルあるいは審議会などのアドバイスや審議を経て「行政」が提案する。最近はワークショップ、パブリックヒアリング、あるいは公聴会や説明会などにより住民も参加できるようになった。多くの自治体では「議会」も審議するようになってきている。これまで、権限なし、予算なし、意欲なしというナイナイ尽くしであった自治体が、地方分権や住民参加の旗をかかげて、本格的にまちづくりに乗り出すことができるようになったのである。それでは、このようなシステムが導入された一九九二年（都市計画法改正により市町村マスタープランの策定が導入された）以来、都市は美しくなったであろうか。率直に言って現在の自治体はまったくの逆である。美しい都市どころか、ここ一〇年来の不況や合併に明け暮れ狂奔しているうちに、自治体それ自体が存続していくのがやっとというあえぎあえぎの状態になり、北海道夕張市のような自治体倒産劇も他人事ではなくなっているのである。

自治体の多くはとにかく明日「食べられる」ということが何よりも先決で、そのためには道路、箱物などの公共事業や民間投資を導入すること、そのためには自然や環境を含めて美しいものを壊すなどやむをえない、というような観念が再び充満するようになったのである。決定的なことは、このような自治体の姿勢は、何も市長一人あるいは行政だけで作られているというのではなく、市民や議会も同意しているということである。市民や議会は近代のシステムでは最高の権威である。美しい都市を創る最大の権威、その決定を具体化する自治体が、美しい都市の反対者に、しかも合法的に転化したとき、私たちはどうやって是正させれば良いのだろうか。

(4) 運動する

人々が、普段見慣れているものが実に大切で貴重なものだということに気がつくのは、それが失われる時である。日照も景観もかつてはあるのが当たり前であった。しかし当たり前にあるものが「権利」として確保されるためには、その価値がかけがえのない貴重なものだと気がついた住民が、その意味を訴えてさまざまな「運動」をおこなうことが不可欠である。例えば「日照権」が建築基準法の「日影規制基準」となって法(公法)として確定していくのは、「裁判所」が日照侵害を住民のよい環境で暮らす権利を侵害するとして建築工事の差し止めや損害賠償を認めた(私法)からであった。二〇〇四年に景観法が制定されたのも、まずは住民の美しい都市を守るという訴えがあり、自治体がこれを「景観条例」として認知したからに他ならない。環境破壊についてただ嘆いていたり、見たりしているだけでは誰も動かない。運動ナシに国や自治体が法律や条例を制定するなどありえないのである。運動が権利の前提である。

さて運動という観点から見た場合、最近の世相は大いに気になる。最近の「格差社会」あるいは「個人のアトム化」なども運動に大きな障害を与えている。美しきもののもっとも基本単位である親子、夫婦、家庭、そして地域が今やばらばらに解体されてしまっている。「隣は何をする人ぞ」はかつて大都市の孤独を表現する言葉であったが今やそれは地方にも浸透している。

科学するとは事態を認識するというレベルだけでは不充分である。当然のことであるが問題の所在を突き止め、それに対する対策、つまり政策を作り、実行し、点検していかなければならない。しかし、ここまで見てきたようにそれは簡単なことではない。今のところ、住民は口は出すが体は動かさない。先進的な自治体もアイデアはあるが、これを実現するための条例や予算を持たない。又、肝心の議会は、まちづくりといえば公共事業の誘致しか頭にないというところが多い。その問題性や必要性に気がついたごく少数の人間が、いわば体を張って「運動」として美しき都市を守っているというのが日本の現実なのである。

フランスの思想家トクビルが言うように「民主主義」は現代社会で欠くことのできない価値であるが、数で決する装置として機能させるだけでは堕落する。ヒットラーのファシズムは民主主義から生まれたことを想起したい。民主主義を生き生きさせるためには、家庭、地域、教会、学校、組合、職場などあらゆる人の集まるところの「中間組織」が活性化していなければならない。それが、祈り、経済、権利、そして運動を渾然一体とさせ、美しきものを持続させ創り出すのである。

パネルディスカッション

私たちの世界遺産 1

持続可能な美しい地域づくり

（平成 19 年 1 月 26 日）

コーディネーター　五十嵐 敬喜〈法政大学法学部教授〉
パネリスト　杉本 俊多〈広島大学大学院教授 広島市景観審議会委員長〉
玉林 美男〈鎌倉市世界遺産登録推進担当〉
鉄川 進〈長崎の教会群を世界遺産にする会〉
松居 秀子〈鞆まちづくり工房 代表理事〉
後藤 太栄〈高野町長〉

世界遺産を全世界の普遍的な価値として持続させるためには どうしたらいいか

○五十嵐（コーディネーター）　きょうは全国からたくさんの方に集まっていただき、大変感謝しております。これから約一時間半にわたりパネルディスカッションを行いますが、その前に、このパネルディスカッションの方法について皆様にお願いしておきたいと思います。

世界遺産の登録団体あるいは候補団体の人々が集まっておりますが、それぞれの世界遺産の価値を強調するということはもちろんでありますが、それと同時に、先ほどのアレックス・カーさんの講演にもありましたように、世界遺産に登録された地域も今後登録をめざす地域もさまざまな問題を抱えております。

そこで、世界遺産を全世界の普遍的な価値として持続させる、そのためにはどうしたらいいか、ということに焦点を絞ってこのパネルディスカッションをやらせていただきたいと思ってます。

最初まず五人のパネリストの方々から、それぞれの地域の世界遺産としての価値と現在抱えている問題点を報告していただいた後に、二人の先生方からコメントをしていただくという形で進めさせていただきたいと思います。

さらに、時間がありましたら、そのコメントに対してリポーターの方たちで何か意見がありましたら、それも受けつけたいと思います。

最終的に、このパネルディスカッションを踏まえて、「高野山宣言」というものを用意しておりますけれども、この人たちの意見も結集できるようにいろんな形で参考にして、その宣言に集約していただきたいと思います。

それでは、進行表に従いまして、広島大学の杉本先生の原爆ドームの話から順次報告していただきます。

よろしくお願いいたします。

原爆ドーム 世界遺産化の経緯と景観問題

杉本 俊多(すぎもと・としまさ)
〈広島大学大学院教授・広島市景観審議会委員長〉

世界遺産登録までの経緯

原爆ドームの世界遺産登録ということについては、きょうお集まりになられている方々は、それぞれ世界遺産化するために運動をされてる方が多いかと思いますが、私自身はそのような運動に直接関係したわけではないんです。原爆ドームにつきましては特にだれが運動してということではなくて、もう広島市民の非常に大きな財産であり、ある意味では財産でありかつ課題であり、いろんな立場でいろいろな方が活動されておられます。とりわけ、原爆ドームですから被爆者団体の方々、それから平和運動をされておられる方々がまずはベースになっています。世界遺産に登録されましたのは、もう一〇年になりますが、平成八年の一二月に登録の決定がなされております。その際に、当時の市長であられました平岡敬さんが、ご自身が新聞記者の出身であられまして、平和関係のことについて随分と執筆活動をされていたということがあり、ぜひ、世界遺産にしたいということで声を出されました。そして、地元だけではなく、東京の有識者の皆さんと一緒になって、段取りを進められました。

その過程で、とりわけ原爆ドームにつきましては一般に言われる「負の遺産」。要するに正と負の「負の遺産」ということで、アウシュビッツと同様です。人間にとっては傷になるような遺産ではあるけれども、人類への警鐘という意味があります。日本では「負の遺産」という形で文化財を指定するということがなかったので、難しいプロセスがあったようです。国レベルの人たちも動きまして、一〇年前ですけれどもようやく世界遺産に登録されるに至りました。その前に国の史跡指定をまずしなくちゃいけないという、そこから始まっております。そういう段取りをしていったわけです。

この一〇年、静かな状況で、指定されてからそれぞれの立場の方がそれぞれの作業を進めてきています。とりわけ原爆ドームにつきましては廃墟でありますので、ほうっておくと倒壊してしまうので、それを固定する、そこのところで特別の技術を必要とするということで、建築関係の者が関与してきています。

絵を少し用意しましたので、これを使って説明をさせていただきたいと思います。

まずは、イメージとしての原爆ドーム（写真・タイトル）ということですけど、こういう廃墟の状況でありまして、もちろん皆さんよく御存じのことと思いますが、修学旅行その他で全国的によく知られています。次をお願いします。

簡単に説明しますと、そもそもこの建物は、チェコ人のヤン・レツルという建築家が設計しました。大正時代ですけども、その当時の雑誌に掲載されました。新築時の景観を予想した透視図です。（写真1）これがそのまま建築関係の専門の雑誌に掲載されました。ですから当時においても日本においては大変評価が高かった建築物です。

広島の旧城下町の真ん中にありました。川岸に米倉があったところを建て替えてつくっています。川に面して建つ建築というのは、日本では余り伝統がないんです。チェコ人の建築家であり、プラハに行くと似たような川岸に建つ建築は随分とあります。そういう影響があってつくられております。当時の建物の名前は「広島県立産業奨励館」と言いました。現在の広島の都心部にあたります。このあたりから旧城下町時代の町並みが存続していました。ここは中島本町と称しておりましたが、現在は平和記念公園になっております。かなり密集した市街地でありましたが、戦後、焼け野原になった後、公園にするという計画が持ち上がったというわけです。

写真１　「広島県産業奨励館」

これは戦後に開催されました平和記念公園の設計コンペで、建築家の丹下健三さんが提案された当初の案です（写真2）。こういう大きなアーチが提案されましたが、その後、これは案から消えました。丹下さんの提案した重要な点といいますのは、ここに原爆ドームの模型が見えますが、高密な市街地であったところに一本の軸線を引くことを提案されたことです。これがデザイン的にもすぐれたものを持っていて、現在においても広島の都市空間

写真２　平和記念公園の丹下健三設計当初案模型

の中で、非常に重要な都市軸をつくることになる、そのきっかけになります。

公園の南端に、原爆資料館の本館と、当初、東西にシンメトリーの施設を設計してあったということです。ちなみにここが「平和大通り」と称しておりますけれども、大きな一〇〇メートル幅の道路が戦後つくられております。

原爆ドーム保存運動とまちづくり運動

産業奨励館の煉瓦造の廃墟をどうするかという経過がいろいろありました。当初はそういう悲劇の、記憶に残るようなものを一切撤去しようという提案もあったわけですけれども、一方で、いや、保存して記念碑にしようと

㉒ 保存募金で銀座の街頭に立つ浜井市長。最終的に6,800万円を集めた。(1967年2月)

㉓ 保存工事起工式。(1967年4月)

㉕ 第2回保存工事。壁面の裂け目に樹脂が注入された。(1989年)

㉖ サスペンションで補強された現在のドームの内部。(1995年)

写真3　原爆ドーム保存工事

いうことが唱えられました。さまざまな運動があって、広島においては最終的に記念碑として保存するということが決められ、その後さまざまな工事を経過してきているということでございます（**写真3**）。

この写真の方は広島大学の建築の先生でした。この方が技術的にも、それから精神的にもこういう保存をして、町づくりをして行こうと提案され、その後もいろいろと貢献されました。

さて、世界遺産に登録された後ですけれども、記録誌として、経過が1冊の報告書で出されております。その表紙だけ見ていただきますけれども、克明にその過程が記されています（**写真4**）。これはCADで図面にしたもので、表紙に使っております。廃墟を実測して保存工事に活用しています。

現状の風景というのはこういう状況になっております。今、移転が話題になっています広島市民球場が、ちょうど原爆ドームの後ろにあります。原爆ドームは死のイメージをどのように祈りの像にしていくかということがテーマですが、他方で生のイメージを表すスポーツ施設がありました。戦後六〇年の広島の経過というものを、両者によってコントラストさせて見ることができるわけです。

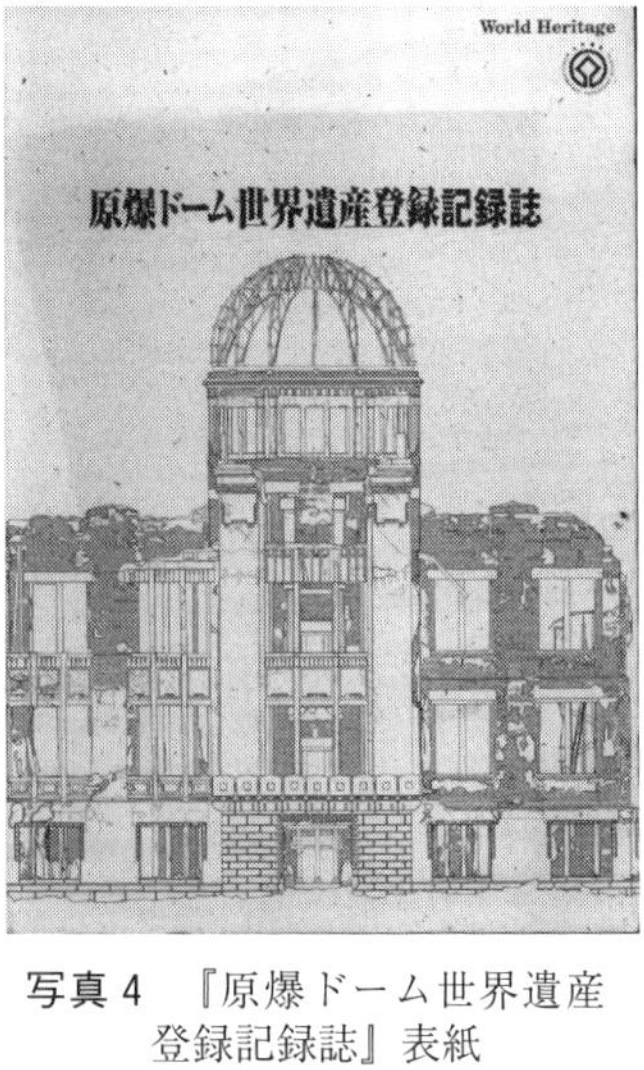

写真4　『原爆ドーム世界遺産登録記録誌』表紙

原爆ドーム周辺にバッファーゾーン

さて、原爆ドームは世界遺産ですが、バッファーゾーンというものが定められています（**図1**）。この図で枠を取ってあるところが緩衝地帯、いわゆるバッファーゾーンということで設定されております。原爆ドームひとつですとどうしても孤立します。世界遺産の制度はそういうシステムを持っていますが、周りもあわせて環境保存をします。したがって、ここ平和記念公園がすっぽり入っています。その周りに若干市街地を含めて、いろいろとコントロールしていく計画になっています。ちなみに、このあたりは広島市の中心街でありますので、中心街に接している世界遺産ということですので、ここら辺が後々問題になってくるところです。

写真5は市の「美観形成要綱」で、今申し上げましたバッファーゾーンにつ

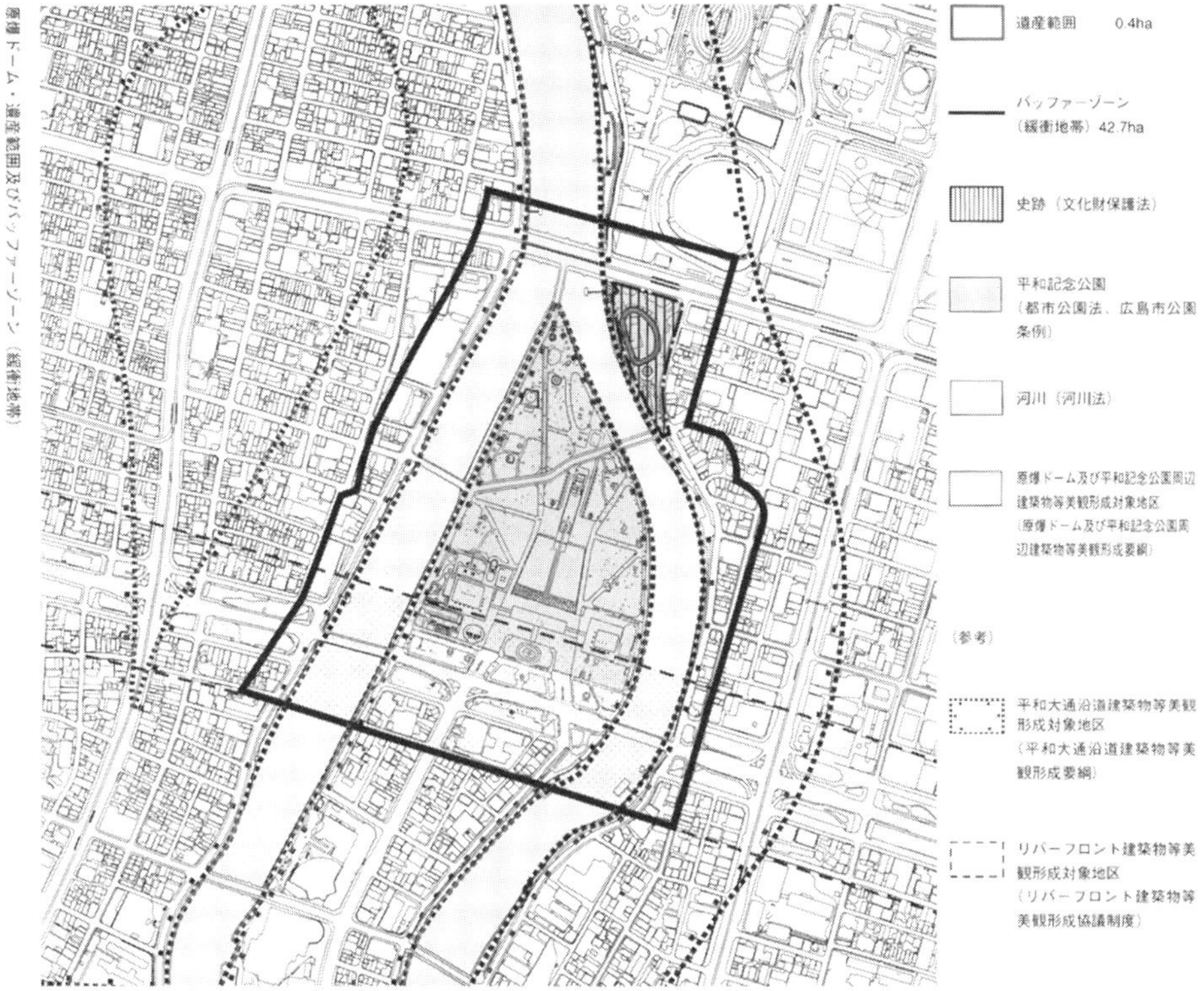

図1　原爆ドーム・世界遺産範囲及びバッファーゾーンの図

いて景観コントロールをしています。例えばこういう広告について色彩であるとか形とか、あるいは見える見えないというのをチェックして、一つ一つ市の方からお願いをしにいって、変更してもらうというようなことをしてきております（写真6）。

ところがこういうことが起こってしまいました。これは中国新聞の記事ですが（写真7）、ここが原爆ドームでありまして、平和記念公園がこちらです。ここのところにこういう14階建てのマンションが建ってしまったということです。建築中の建物が大きく見えてきはじめたときに声が上がりまして、これはどうなるんだということで、大きな反対運動が起こりました。

この写真はインターネット上で出ていたものですけれども、向こうに見えていますのがそのマンションです。原爆ドームの直近にありまして景観上の問題があると。ケルン大聖堂のライン

中国新聞　2006年（平成18年）6月14日（水曜日）

原爆ドーム横マンション

市に危機意識薄く

遺産10年「高さ」無防備

写真７　マンション建設問題
（中国新聞記事　2006 年 6 月 14 日）

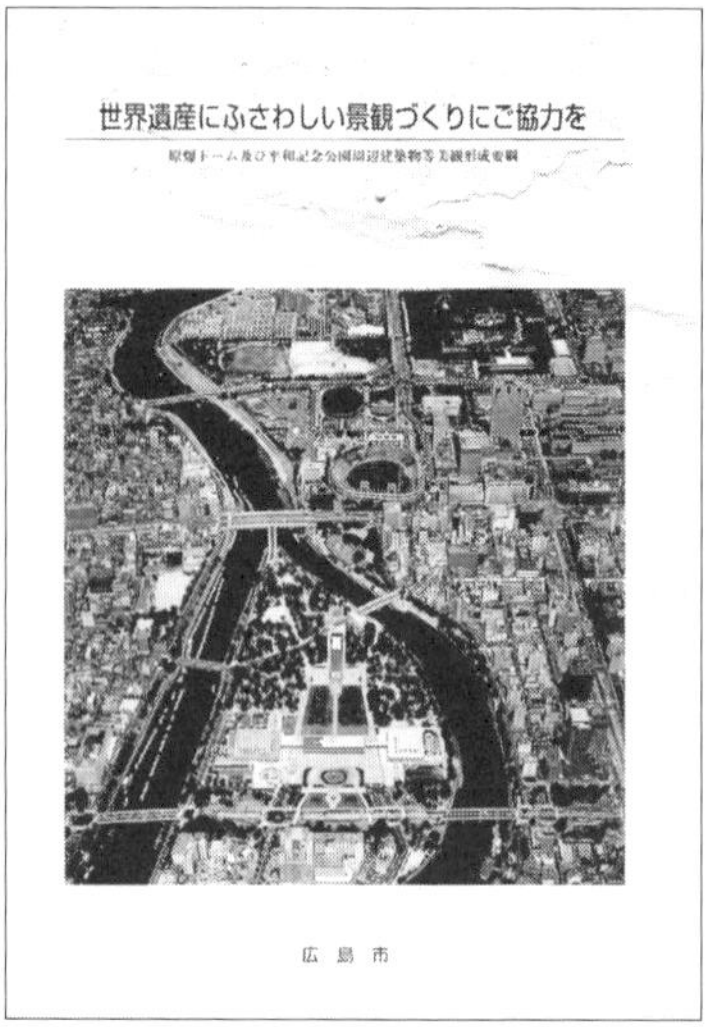

写真５　「原爆ドーム及び平和記念公園周辺建築物等美観形成要綱」

② ハイアップホテル（原爆ドーム及び平和記念公園周辺協議：平成 8 年度）とデオデオ立体駐車場（リバーフロント協議：平成 8 年度）

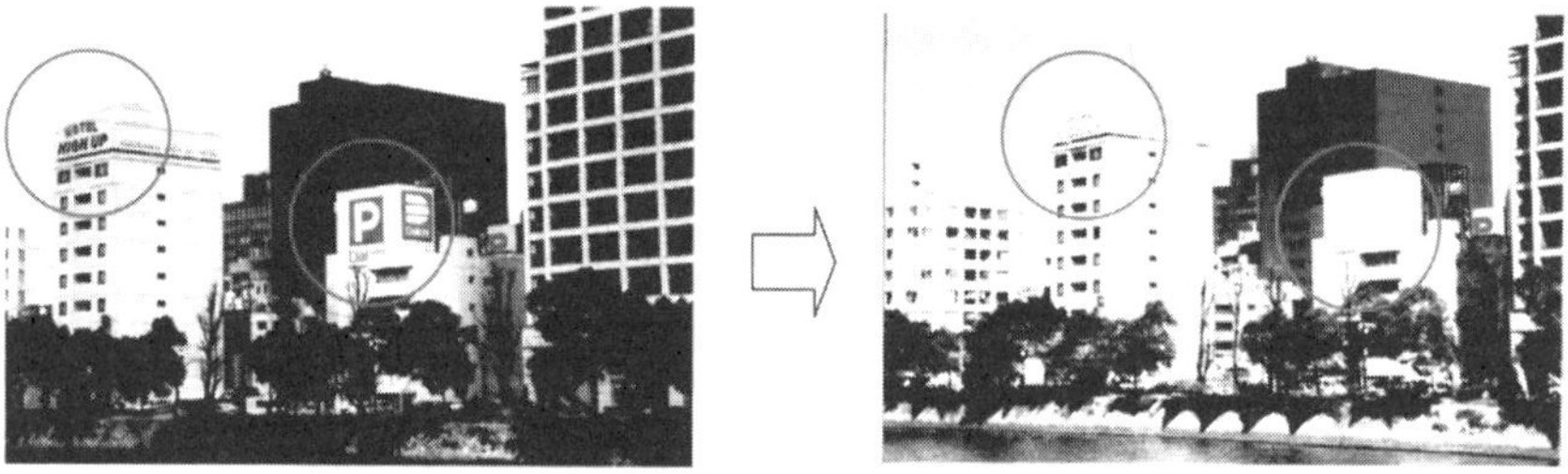

変更前　　変更後

ホテル：増築工事にあたり、サインの色を白に変更
駐車場：平和記念公園側のサインを止め、他もコンパクトなサインに変更

現況写真

写真６　「美観形成要綱」の具体例

川対岸に高層建築が建つというので、危機遺産ということで問題になりましたが、こちらの方がはるかに厳しい問題ではないかと指摘されております。

そういうわけで、この事件があった関係で、ここのメッシュをかけたところについて美観形成要綱に高さ規制を加えるということになり、若干の前進をしております。

ちょっと細かいので、その美観形成要綱で規制している内容というのはこ

写真８　「風景づくりマスタープラン広島市の魅力ある風景づくり基本計画」（広島市、2004 年）

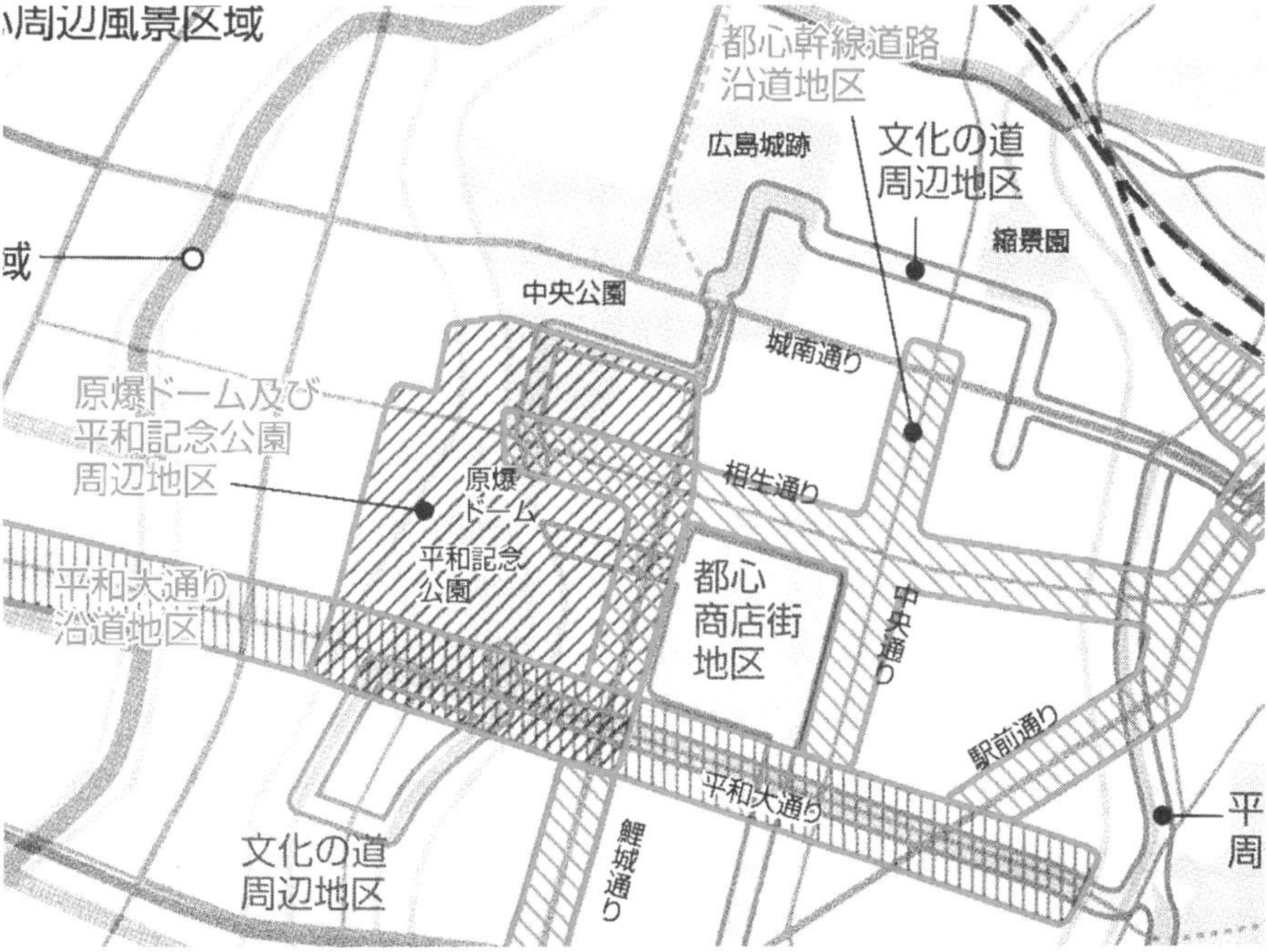

図２　「風景づくりマスタープラン　広島市の魅力ある風景づくり基本計画」における景観コントロールの計画図　（広島市、2004 年）

ういうことですということだけ紹介しておきます。

他方で、国の景観法がつくられたものですから、それとの関わりも含んで広島市には景観条例が制定されました。そのもととなっている「風景づくり基本計画」（写真8）です。

昨年、その具体的な作業が始まりました。たまたま私、景観審議会の委員長をさせていただいており、今後、この路線上で今のようなことをどうやってコントロールしていくか、具体化していこうとしています。

平和記念公園は、このあたりですが、市街地も含めての総合的な計画という中でやっていこうということです。（図2）

ということで、とりあえず今問題になっております景観の問題を紹介させていただきました。さまざまの課題があることはあるわけでして、簡単にご説明する余裕がありません。とりあえず一つだけこういう問題に直面してるということだけ紹介させていただきます。

どうもありがとうございました。

写真・タイトル　原爆ドーム
（『被爆50周年　未来への記録　ヒロシマの被爆建造物は語る』、広島市刊、1995. 所収）
写真1　「広島県産業奨励館」
（当初は「広島県物産陳列館」）設計案透視図（設計者・ヤン・レッツル、『建築世界』第8巻8号、大正3年、所収）
写真2　平和記念公園の丹下健三設計当初案模型
（丹下健三・藤森照信著『丹下健三』、新建築社、2002年、所収）
写真3　原爆ドーム保存工事
（『被爆50周年　未来への記録 ヒロシマの被爆建造物は語る』、広島市刊、1995. 所収）
写真4　『原爆ドーム世界遺産登録記録誌』表紙　（広島市市民局平和推進室発行、1997年）
図1　原爆ドーム・世界遺産範囲及びバッファーゾーンの図（広島市資料）
写真5　「原爆ドーム及び平和記念公園周辺建築物等美観形成要綱」（広島市、1995年）
写真6　「原爆ドーム及び平和記念公園周辺　建築物等美観形成要綱」具体事例
（広島市、1995年）
写真7　マンション建設問題　（中国新聞記事　2006年6月14日）
写真8　「風景づくりマスタープラン　広島市の魅力ある風景づくり基本計画」
（広島市、2004年）
図2　「風景づくりマスタープラン　広島市の魅力ある風景づくり基本計画」における景観コントロールの計画図　（広島市、2004年）

【プロフィール】

一九五〇年、兵庫県に生まれる。
東京大学工学部建築学科卒業、
東京大学大学院工学系研究科建築学専門課程博士課程修了　工学博士、
広島大学大学院工学研究科教授
一九九九年度日本建築学会賞（論文部門）
二〇〇六年〜　広島市景観審議会委員長

専門分野

建築史、建築意匠

主な著書

「バウハウス　その建築造形理念」（鹿島出版会、1979）
「建築の現代思想」（鹿島出版会、1986）
「建築夢の系譜」（鹿島出版会、1991）
「ベルリン、都市は進化する」（講談社、1993）
「ドイツ新古典主義建築」（中央公論美術出版、1996）
「二〇世紀の建築思想」（鹿島出版会、1998）

世界遺産登録準備進行中「武家の古都」鎌倉

玉林 美男（たまばやし・よしお）
〈鎌倉市世界遺産登録推進担当〉

これまでの活動経過

私のところは現在、世界遺産の登録準備を進めている状態です。

平成一九年度末までを一つの目標にしまして作業を進めており、うまく進んでいけば平成二二年に登録がなされるのだろうというところです。

実は準備があと一年ちょっとというところで、最後の追い込みをかけています。

国指定史跡の史跡追加指定、史跡の保存管理計画、保存対象遺産の確定とかバッファゾーンの確保。それから今、杉本先生のお話にありました、町をどのようにしていくのかという部分で現在、景観地区指定を行っているところでございます。

鎌倉の世界遺産としての位置づけ「武家の古都・鎌倉」という考え方

今まで鎌倉の世界遺産登録についてどのような事を行ってきたかといいますと、すでに登録されているほかの遺産とは違う明確な位置づけをするための検討をしてきました。

平成一六年五月に世界遺産登録に向けた考え方を学識者の先生方の委員会で中間報告をまとめいただきました。「武家の古都」という考え方でございます。

鎌倉は武家が初めて自らつくった政権都市であり、独自の都市構造を持ち、武家による社会や仕組みや文化が日本人の価値観や行動様式に大きな影響を与えた。そして鎌倉は東アジアの特色ある都市であるという位置づけをしています。

鎌倉の普遍的価値

武家が初めて自らつくった政権都市というのは、武家政権の発祥地であり武家政権の所在地であるということと、武家の政権都市の遺産は鎌倉だけであるということです。

武家が自らつくった政権都市というのは、鎌倉と江戸だけです。しかし、江戸は近代都市東京に変貌していきます。明治政府は武家政権所在地としての江戸を意識的に壊して近代都市としての東京に改変しました。さらに関東大震災、それから太平洋戦争といった歴史的経過の中で武家の遺産というものを体系的には残していないという状態です。そういう中で、武家がつくってきた文化、そして武家政権にかかわる遺産が体系的に残されているのは鎌倉だけであるという位置づけをしてございます。

自然地形を利用した独自な人工都市

鎌倉は三方を山で囲まれ、一方を海に面するという自然地形を利用した独自な都市です。

周囲の山稜部、一部宅地造成が行われている部分もございますけれども、周りの山がずっと守られてきております。東京から僅か一時間という都市開発圧力が非常に高いところですけれども、鎌倉の近くまで来ますと風景が一変します。

都市の中心は実は鶴岡八幡宮というお宮様です。そして都市の中心軸になるのは若宮大路という鶴岡八幡宮の参道です。

ここで見ていただきたいのは町並みです。鎌倉の町並みは全く新しいものです。鎌倉の町というのは昭和になってからできた町です。細かく言いますと、明治の中期に横須賀線という、旧国鉄ですが、鉄道が通りまして鎌倉駅ができます。それから発展していくわけです。関東大震災で壊滅しましてその後復興しますが、町ができ上がってくるのは太平洋戦争が終わってからの昭和三〇年代以降です。

もう一つ、高いビルがないということです。昭和四一年に「古都保存法」、正確に云いますと「古都における歴史的風土の保存に関する特別措置法」という法律が制定されて、周りの歴史的環境を守っています。この写真で示したエリアは商業地域及び近隣商業地域なのですが、行政指導で建物の高さを一五メートルに規制してきました。高い建物は一応建ってないという状態です。

鎌倉の寺院はほかの地域のお寺さんとはちょっと違って谷戸を人工的に造成した地形の中に造られているということがあります。谷戸の造成が鎌倉のまちづくりの一つの特徴です。

次に交通路の支配と防御という問題があります。鎌倉は三方を山、一方を海に面するという地形上の特性から、鎌倉に入る陸路は周囲の山稜あるいは山腹を掘って造った道を通ります。これを切通と云います。ここは交通の要衝であり、都市の防御の拠点となるところです。

武家がつくった信仰空間

次に都市の中心部には、武家がつくった信仰の空間というものが残されております。

「鶴岡八幡宮」、「荏柄天神社」、「永福寺跡」、そして「法華堂跡」、これは源頼朝と北条義時の墓所、供養堂の跡ですが、武家政権の創始者と完成者の墓所ということです。

「永福寺跡」は源頼朝が創建したお寺の跡です。奥州平泉の中尊寺や毛越寺等をモデルにした寺ですが、重要なのは武家が初めて敵方の戦死者の供養を行うために建立した寺であるということだろうと思います。怨霊を鎮めるためといっていますが、非業の死を遂げた戦死者を三界の苦果から救うためだと書かれています。

先程、谷戸を造成するのが鎌倉の町の特徴だとお話ししましたが、山を削った独自の庭園があります。夢窓国師が作られた瑞泉寺庭園がその代表とされています。

それから「やぐら」という、鎌倉地方に集中して造られた石窟寺院があります。谷戸造成で出来た垂直の岩壁に四角い横穴を掘りまして、埋葬の場所になっています。中には五輪塔や宝筐印塔が納められ、五輪塔のレリーフがあったり、梵字が彫られていたり、仏様が彫ってあったりといろいろなものがあります。

また鎌倉には皆さんよくご存知の大

仏様がございます。大仏を鋳造するということは東大寺大仏、すなわち朝廷と対比される武家の仏というものを考えていると思います。

若宮大路

鶴岡八幡宮

鎌倉の仏教の特徴は、中国から新しい仏教の考え方がもたらされたということです。その一つが禅宗です。高野山は真言密教の中心でございますけれども、鎌倉は禅宗が新しく入ってきて根をおろすという場所です。建長寺が禅宗の専門道場として初めて建てられ、引き続いて円覚寺というように中心的な寺院が創建され、禅宗が日本に根付いていきます。

岩壁を背景とする独自の景観をもつ庭園

鎌倉では谷戸を掘って平地を造り出します。このため谷の両側は切り立った崖ができます。鎌倉の寺院にはこうした崖が切岸と呼ばれていますが、特徴的に存在します。こうした谷戸の造成は当時の絵図で確認できるものがあります。浄光明寺は諸宗兼学のお寺さんですが、鎌倉時代最後の執権北条守時一族の氏寺です。守時の妹が足利尊氏の正妻であったことから足利氏によって保護され、鎌倉幕府滅亡から建武二年までの間に作られた絵図が現存しているのですが、この絵図にこうした切岸が描かれています。

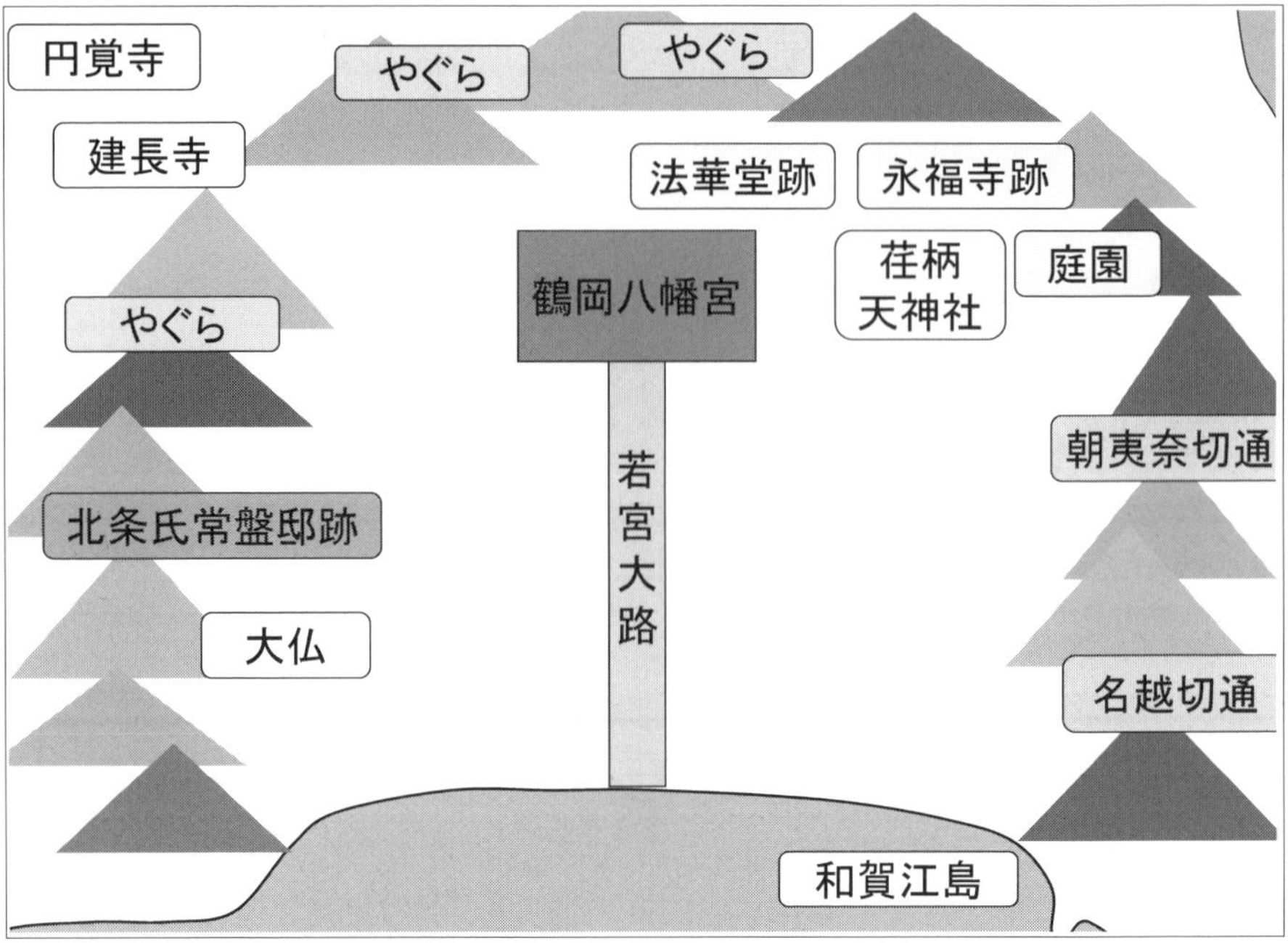

「武家の古都」としての鎌倉のイメージ

それから鎌倉幕府滅亡の地、北条一門最後の地になった東勝寺跡といった寺跡があります。「太平記」の記事でご存知かと思いますが、歴史の転換点となったモニュメンタルな場所です。

鎌倉の京鎌倉往還の出入り口には、新田義貞の鎌倉攻めの舞台になったと考えられる仏法寺跡という寺跡がございます。極楽寺の良観房忍性が開いた寺で、この山は霊山と呼ばれています。

都市の三方が山で囲まれており、緑地の様態も非常によくわかると思います。都市の骨格が非常によく残されているということがお分かりいただけると思います。

それから鎌倉には海があることが特徴です。鎌倉は海を通じて南宋・元といった中国大陸と直接的に文化が繋がっていましたが、それを象徴する場所として和賀江嶋という人工の港の跡があります。我が国に現存する最古の築港遺跡です。

「武家の古都」としての鎌倉のイメージは、真ん中に八幡様がありまして若宮大路という中心軸があり、三方を山で囲まれ、一方を海に面するというものです。出入り口としての切通、港湾施設としての和賀江嶋があります。それから鎌倉幕府開創期の宗教的な空間として八幡宮、荏柄天神社、法華堂（跡）、永福寺（跡）が位置付けられ、谷戸を開発して造られた覚園寺・浄光明寺・東勝寺跡といった北条氏の氏寺、建長寺・円覚寺という大禅宗寺院があります。そして奈良の大仏様に対応する鎌倉の大仏様といったものがあります。などなど、個々の遺産がありますが、それをひっくるめて、一つの遺産群「武家の古都」という在り方を考えております。

鎌倉の武家社会が新しく起こることによって新たに文化が起こり、現代日本の文化の基礎になったということです。

世界遺産登録の意義

次に鎌倉の登録の意義です。

武家の文化というものが日本の文化の発展の中で重要な役割を果たしてきました。鎌倉にはその武家の文化を象徴する歴史的遺産がそのまま伝えられています。これを後世にそのまま引き継いでいくということが鎌倉の登録の意義です。

「自然・歴史的風土保全の市民運動」と「新たなまちづくり」の二つの視点

鎌倉には市民憲章というものがあります。これは鎌倉市の憲法みたいなものですが、ここには歴史的遺産と自然及び環境を破壊から守り、責任を持ってこれを伝えるということが書かれています。

昭和三九年から鎌倉の中心であり、精神的支柱である鶴岡八幡宮の裏山で宅地造成の計画があました。それに市民が反対運動を起こし、それこそブルドーザーの前に座り込んでそれを止めるということがございました。

そういう歴史的遺産と自然環境の保存運動を契機にして、鎌倉では歴史的風土を保全していくための組織をつくろうということになり、財団法人の鎌倉風致保存会が成立し、トラスト運動を展開することになりました。日本で最初のトラスト運動であるということです。

一方ではこの運動が一つの契機になり、京都・奈良等との運動と結びつきまして、議員立法により古都保存法（古都における歴史的風土の保存に関する特別措置法）が成立をすることとなりました。こういった歴史的経過がございます。

周囲の山、山稜部を保全してきたということ、そして近年のことでございますけれども広町・常盤・台峰というかなり大きな、一カ所二〇ha以上ある市街化区域の緑地を市民運動の結果、保全をしています。

このような市民運動等の経過の上に鎌倉の世界遺産登録が成り立っているということであり、長い準備期間があって世界遺産登録に向けた歩みがあるということです。

鎌倉は三方の山の部分、緑地の部分は保全をしてきたのですが、中の部分がなかなかできていないということがございます。そこで世界遺産登録を古都としての風格を保った、鎌倉らしいまちづくりをしていくための理念にしようということで推進しています。つまり、過去の自然そして歴史的風土の保全にかかわる市民運動と役所としての活動の延長線上、そして新たなまちづくり、そういう二つの視点の中で世界遺産登録が位置づけられているということです。

登録準備のための課題

登録準備のための行政的課題として、史跡の指定・管理計画の策定があります。これを急ピッチで進めています。問題は、遺産の部分は史跡及び名勝に指定し、管理計画を策定するということで保護できるのですが、その周辺の部分、バッファゾーンはどういうふうにして保全をしていくかということです。

バッファゾーンの確保とまちづくり

バッファゾーンはそれぞれの国内法で対応するということなのですが、鎌倉のバッファゾーンの考え方としては、

一　原則として建物及び工作物などの高さ規制を含めた許可制の利用制限がある法制度によって構成する。

二　可能な限り広範囲な設定とする。

三　点在する登録遺産を可能な限り一体的に包括するような設定とする。

四　古都保存法発祥の地としての特徴を強調して指定区域を最大限生かした設定をする。

ということで作業を進めております。

以上のように、コアの部分は文化財保護法、そしてバッファゾーンの方は古都保存法、神奈川県風致地区条例、建築基準法、海岸保全法、景観法等の法制度によって形成していこうと考えております。

今ここで掲げておりますのは、古都保存法等のエリアを図示したものです。これからやっていく必要があるのは、景観地区それから高度地区制度の活用というところです。世界遺産登録を契機にまちづくりについての制度を確立していきたいということです。

図のブルーの濃いところが「歴史的

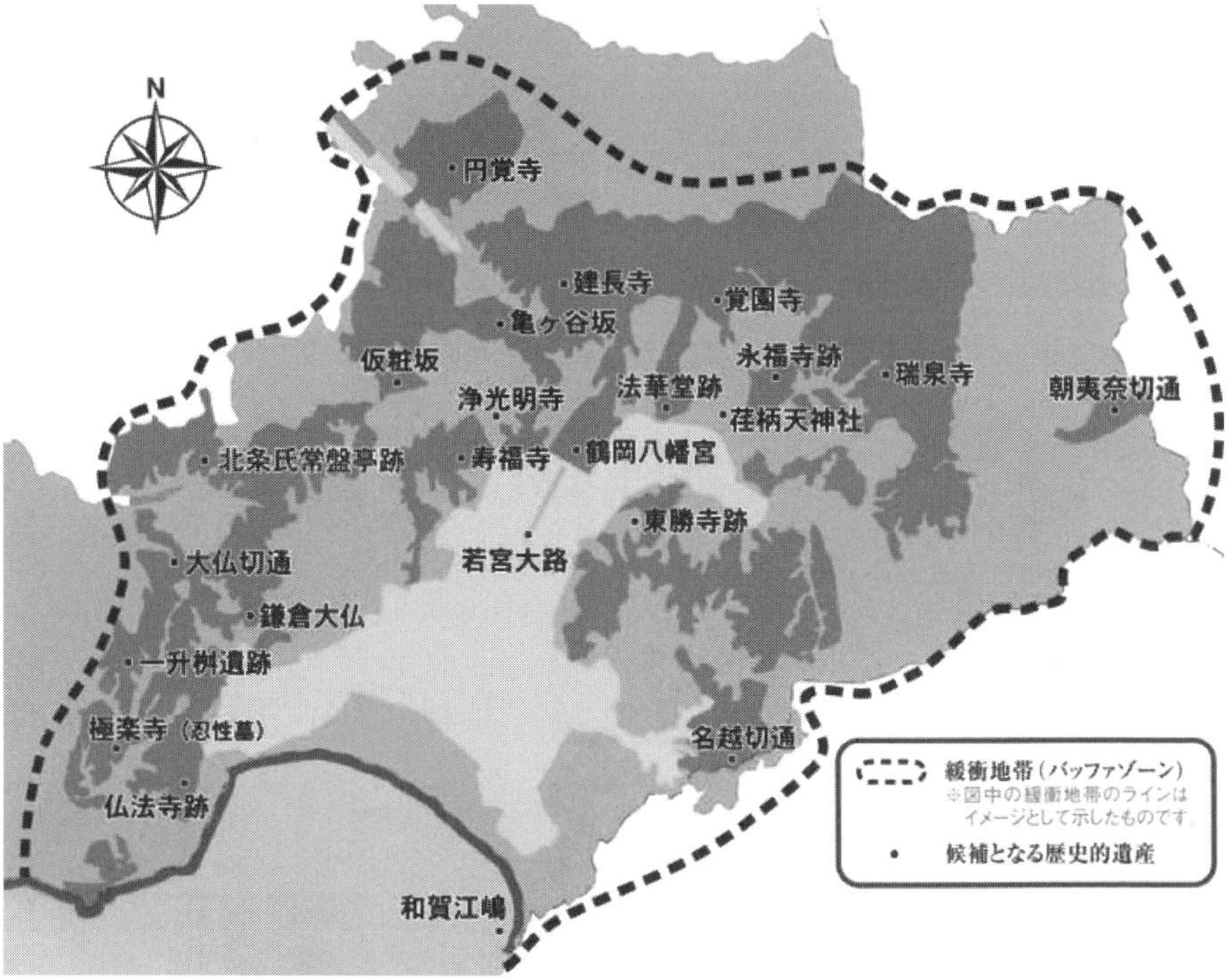

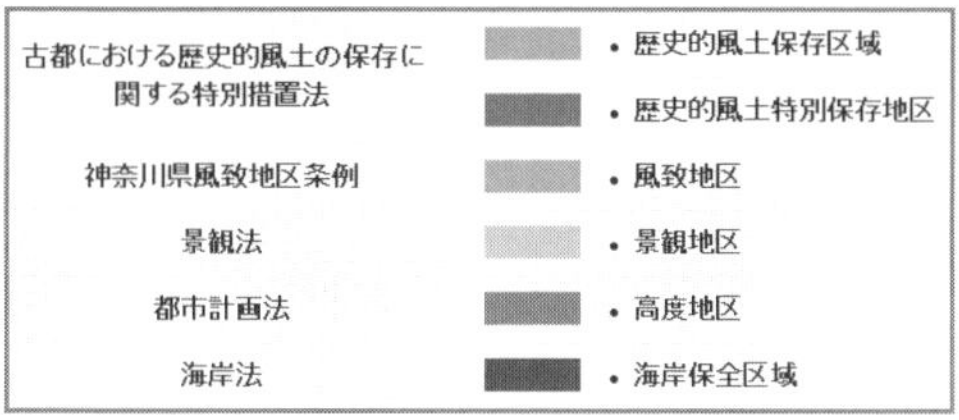

バッファゾーン
イメージ図

風土特別保存地区」、これはいわゆる六条地区と言われているところで、許可制です。それから薄い方、かなりの部分が入っています。ここが歴史的風土保存区域です。所謂四条区域でこれは届出制です。次にこのグリーンのところが風致地区です。風致地区は古都保存法の指定区域が全て含まれております。鎌倉市全体としては市域の五五・五％とかなり広いエリアにかかっております。

問題はこの真ん中のところ、鎌倉の中心市街地で、ここのところにどういった都市計画をしていくか、といった問題があります。この部分は基本的には景観法で対応していきたいと考えています。景観法で対応できない一部地域については高度地区でやっていきたいと考えています。

今、市民討議にかけて検討していただいているという状況です。このような形で遺産を一体として表現できるようなバッファゾーンを設定したいと考えております。

具体的には図に示しましたように、図の中央部が、風致地区が抜けてるところです。この部分にまちづくりの制度をかけていきたいと考えています。

今地元とお話しているのは一五メートルの高さ規制です。これでまず皆さんにご了承いただきたいと考えています。その上で、全部の区域が一五メートルでいいのかという問題がありますので、それはそれぞれの地区で、さらにこの地区を細かく地元の方でお話し合いをいただいて、地区設定をしていって、協定なり何なりという形に持っていきたいと考えています。

具体的には、由比ガ浜の商店街では建物の高さを一二メートルで自主規制しようと、商店街の組合が取りまとめを行っているというふうなことがございます。

【プロフィール】

一九七五年

青山学院大学大学院修士課程文学専攻史学専修（考古学）

一九七七年一二月〜二〇〇四年三月

鎌倉市教育委員会で文化財保護の仕事に従事

二〇〇一年四月〜二〇〇四年三月

鎌倉市教育委員会世界遺産登録推進担当を併任

二〇〇四年四月〜

鎌倉市世界遺産登録推進担当

暫定リストに記載
長崎の教会群とキリスト教関連遺産

鉄川 進（てつかわ·すすむ）
〈長崎の教会群を世界遺産にする会〉

世界遺産への道「長崎の教会群東京展」

暫定リストに掲載される

一月二三日に文化庁から発表がございまして、私どもが今まで運動をしておりました「長崎の教会群とキリスト教関連遺産」が、暫定リストに記載されることが決定しました。大変ありがたいと思っております。

今からご説明をさせていただきます

図１　長崎（一部県外を含む）の戦前までに建てられた教会群リスト

時代 地区		江戸・明治	大正	昭和（戦前中心）
五島列島	上五島	江袋M15 旧鯉ノ浦M36 冷水M40 ◎青砂ヶ浦M43	福見Ｔ２ 大曽Ｔ５ 土井ノ浦Ｔ７ ◎頭ヶ島Ｔ８ 中ノ浦Ｔ14	
	下五島	◎旧五輪M14 ○堂崎M41 楠原M43	○江上Ｔ７ 嵯峨島Ｔ７ 半泊Ｔ11 貝津Ｔ13	浜脇Ｓ６ 水の浦Ｓ13
平戸・佐世保周辺		○宝亀M31～32 ◎黒島M35 旧野首M41 山田M44	◎田平Ｔ７ 山野Ｔ９	紐差Ｓ４ 神崎Ｓ５ 浅子Ｓ５ 三浦町Ｓ６ 平戸Ｓ６
外海周辺		○出津M15 ○大野M26	黒崎Ｔ９	太田尾Ｓ７
長崎市周辺		◎旧大浦1864 中町M29 神の島M30 清心修道院M31	樫山Ｔ13	馬込Ｓ６ 浦上Ｓ34 二十六聖人Ｓ37
九州（長崎県以外）		佐賀・呼子M15 佐賀・馬渡島M18 福岡・旧大名町M27	福岡・今村Ｔ２	熊本・手取Ｓ３ 熊本・大江Ｓ８ 熊本・崎津Ｓ10
明治村		旧大明寺M12		

※凡例　文化財の種類　◎：国宝・国指定重要文化財　○：県指定文化財
建物の構造　レンガ造　木造　石造　鉄筋コンクリート造

図2　教会群の分布

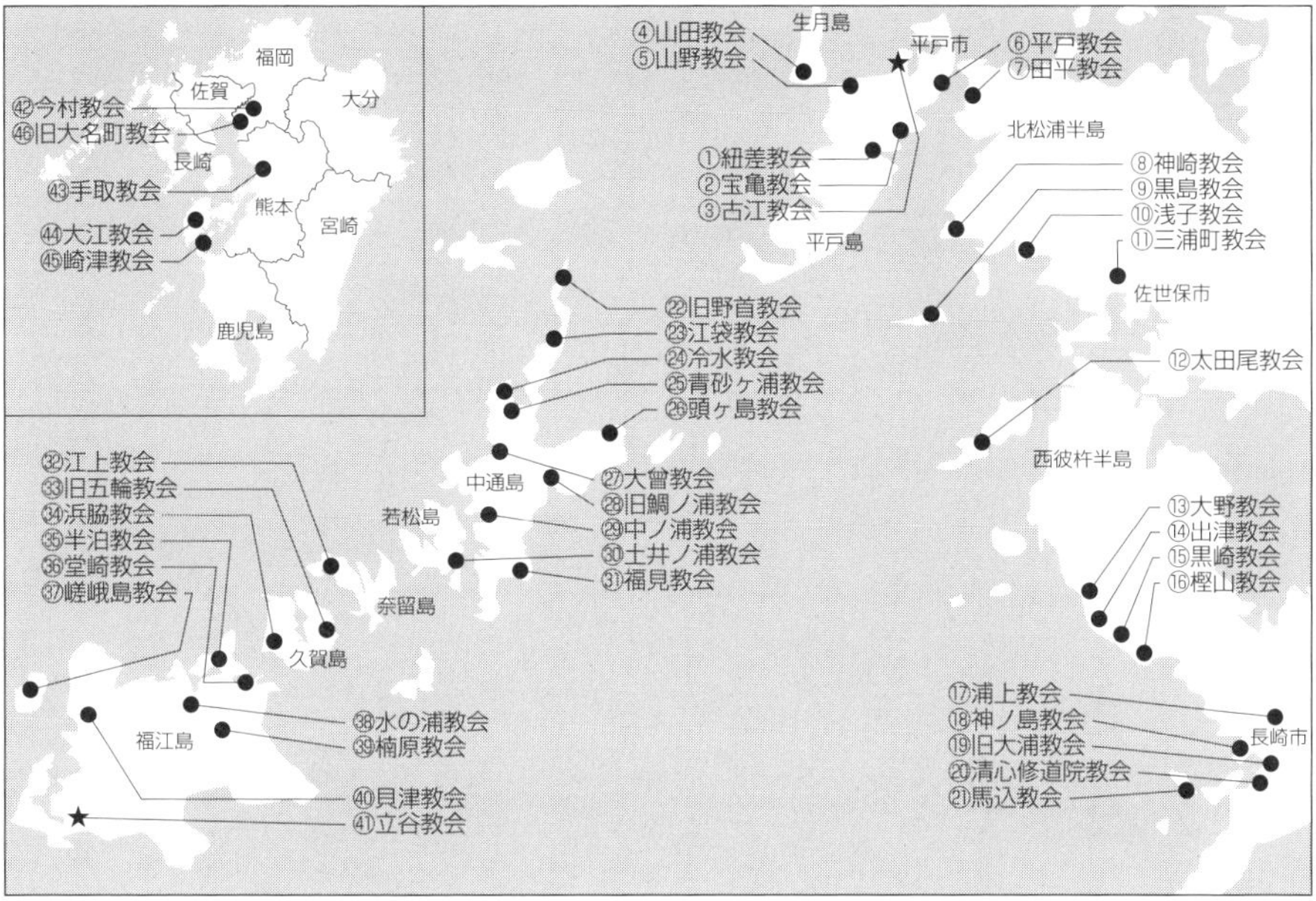

けれども、これまで私どもの団体が活動している対象の教会群は、今回長崎県が提出した世界遺産のリストとは若干違っております。

私どもは、かなり広範囲に「まちづくり」も含めた形での活動をしておりますので、今回は少し広い範囲の、長崎全体の教会についてのお話をさせていただきたいと思っております。

「長崎の教会群とキリスト教関連遺産」の概要

長崎県といいますのは非常にカトリック教会が多い地域でございます。全国には約一、〇〇〇のカトリック教会がありますが、そのうちの一三〇が長崎県内にあります。

文化財の対象になるための築後五〇年というモノサシがありますが、戦前から残っている教会というふうに対象を限りますと、全国に約一〇〇、そのうちの五〇が長崎県内にあります。

さらに文化財という見方で見まして、教会の国宝および国指定重要文化財は全国に十一ありますけれども、そのうちの六つが長崎県にあるということで、カトリック教会に関しましては寺院で言うなら京都並みというふうな地域でございます。そのことがあまり全国に知られておりません。

図1が今、申し上げました戦前からの教会のリストです。それの分布を表したのが**図2**です。

これは長崎県ですが、ちょうど五島灘という海域がございまして、五島列島、平戸そして長崎県の本土、ちょうど半径一〇〇キロの正三角形を書きますと、ちょうどその位置に入っているというふうな分布の仕方をしております。

この戦前から残っている教会群の多くが、隠れキリシタンの方々が信仰を守り続けてきた場所にできているものだというふうにご理解いただいていいかと思います。そういった意味では歴史を象徴している配置であるということです。

現存している最も古い教会であります大浦天主堂は、禁教撤廃以前のものでございまして、居留地にすむ外国人のための教会でございます。それができたところで、浦上でひそかに信仰を守っていた信徒さんたちがやってきて、信徒発見の奇跡が起きたところでございます。

文化財としての長崎の教会群というのはこれまであまり注目されていなかったのも事実でして、実際に話題になりはじめたのはここ二、三十年というところではないかと思います。

そのことは教会建築における国指定重要文化財の指定の順番でもおわかりいただけます。国宝と国指定重要文化財のうち、新しく指定された順に数えて五つは長崎県のものでございます。そういったところからも、ここ数十年でいろんな研究がされ、認められてきた建物だということをご理解いただければと思います。

建築的特徴

それでは、その建築的な特徴はどういうところにあるのかを、簡単にご説明させていただきます。

写真1は、五島列島の野崎島にあります「野首教会」という教会です。この教会の信徒さんはすべて離島いたしまして廃堂になっておりました。中は廃墟に近い状態で、この改修を私どもの事務所でやらせていただきました。

写真1　野首教会

この構造や工法の特徴を見ていただきたいと思います。

断面構造を見ますと、いわゆる洋風の構造ではございません。和風の小屋組みによる建物であるとご理解いただきたいと思います。

タイトル写真は、建物の内部ですが、ちょっと覚えていただきたいのが、まずこの天井と基礎でございます。先ほど見ていただきました天井の形はリブボールト様式というふうに言いますけれども、これのもともとの目的は、組積式の建物の屋根をつくるための工法からきた様式なのですが、その様式のみを生かして当時の日本の建築技術でつくったということでございます。

写真２　大浦天主堂

日本の古来の土壁のつくり方であります、小舞というものに土を塗ってその上にしっくいを塗るという工法でこの天井をつくっております。

また、床下の造作を見ますと、床はごく普通の日本建築の束石から束、床

写真３　旧五輪教会

組みという形でして、外国の教会の床はこのよう造りかたはしないないわけです。

これも全く日本古来の木造建築としてつくり、さらにその上に教会様式としての化粧の基礎をつくるというふうなことをやっております。まさに、西洋の様式を日本の建築の技術でつくったのがこの教会です。

写真４　青砂ヶ浦教会

構造は、ほぼ木造です。煉瓦を使ってはおりますが、煉瓦に構造的な負担はほとんどかけていない建物です。これも当時の日本人の建築技術者にできる技術で造ったとご理解いただければと思います。

このような煉瓦を使った擬似洋風建築は、それほど長くは造られませんでした。関東大震災の経験から、このような木骨の煉瓦積みというのは振動に弱いこともわかってまいりまして、もう造られなくなりました。

写真５　頭ヶ島教会

この後、ある程度の規模をもつ教会建築は鉄筋コンクリート造に移行いたします。このような様式でつくられた期間は四〇年~五〇年ぐらいで、建物として残っているものが先ほどの図１

のリストにあげたものということになろうかと思います。

そのうちの幾つかの教会をご説明します。写真2が、教会建築としては唯一の、そして最も新しくつくられた国宝でもあります旧大浦天主堂です。若干の増築がその後行われております。


その後、禁教令が撤廃されまして、先ほど申し上げました隠れキリシタンが暮らしていた地区に次々と教会が造られていきます。

写真3の旧五輪教会は、その一つです。

内部のデザインとしては教会の様式を使っておりますけれども、外部はもう日本の民家のように見えます。これは技術的なものもあったでしょうし、余り目立ちたくなかったというふうな信者さんの考え方もあったのではないかとも言われています。

図3　長崎の教会群とキリスト教関連遺産（20資産）

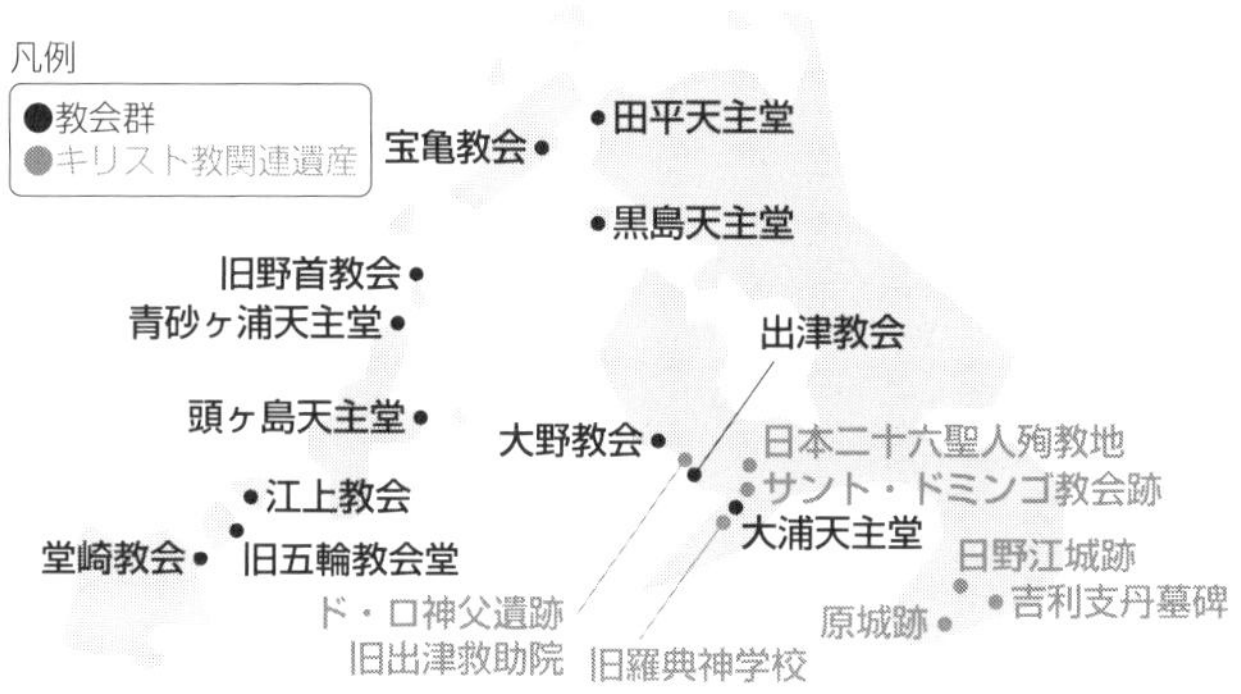

そして明治の中期以降になりますと、先ほどの煉瓦を使った構造が出てまいります。佐世保にございます黒島教会、新上五島町の青砂ヶ浦教会（写真4）です。
石積みの教会もつくられました。五島列島にあります頭ヶ島教会（写真5）などがそうです。これは近くに非常に良質の砂岩がとれたということで、こういった材料も使われました。
そして一番最近、文化財指定をされましたのが平戸市にございます田平教会です。煉瓦を構造材として使用した教会としては最後期のものということになります。

世界遺産としての価値

私どもは教会群やキリスト教史跡の価値をこのように考えております。まず、キリスト教の伝来と、それに続く禁教と、それによる迫害、弾圧に耐えた歴史と、それを物語る史跡群は非常に大きい存在です。

それから信仰の復活を象徴する教会群があり、その建物には教会様式と日本式の建築技術との調和があるということです。

図3が、今回暫定リストに入れていただきました県内の教会群とキリスト教関連遺産です。

　さきほど申し上げました、伝来、迫害、復活という長崎におけるキリスト教の歴史にかかわる文化財や史跡などがちりばめられております。長崎市には二六聖人殉教の史跡があり、これもこのリストに含まれておりますが、この二六人というのは一般の町としては世界でも多い人数なのだそうです。

　今回申請した二〇の世界遺産候補のうちわけは、史跡が六つ、そして建造物が一四です。

　実はもう一つ特徴的なのが、二人の技術者がこれら一四の建造物のうち九つを設計しているということです。

　一人が、地域の福祉を実践されたということで有名なフランス人のド・ロ神父という方で、この方がこのうちの四つの建造物の設計をされました。

　それから、実は私の祖父なのでございますけれども、鉄川与助という日本人の棟梁がこの中の五つの教会を設計いたしております。

　この時代の地方で設計した人が明確にわかっているというのも、こういった文化財の中ではかなりめずらしい例だというふうに言われているようでございます。

　ありがとうございました。（拍手）

その他の主要な教会関連施設

・旧大浦教会の大浦旧羅典神学校（M8）と大司教館（T4）前者は国の重要文化財に指定されている。
・出津教会の救助院（M16国の重要文化財）と鰯網工場（M21）県の史跡に指定されている。
・頭ヶ島教会の司祭館（明治末）教会とともに国の重要文化財に指定されている。

【プロフィール】

一九七九年三月　長崎大学工学部構造工学科卒業。二〇〇二年三月　長崎大学大学院海洋生産科学研究科修了。

一九七九年四月　（株）銭高組入社

一九八四年六月　鉄川工務店入社、一九八六年一一月　鉄川工務店代表取締役就任（二〇〇六年三月退任）、二〇〇四年五月鉄川進一級建築士事務所代表就任、現在に至る。

一九八六年四月　長崎伝習所建築塾塾長就任（一九八七年三月退任）、一九八九年一二月　長崎市都市計画審議会委員就任（二〇〇四年五月退任）、一九九四年一月（社）長崎青年会議所理事長（一九九四年一二月退任）、一九九四年五月日本建築学会九州支部九州の建築構造物作成委員会WG（一九九七年四月退任）

一九九九年四月　（社）長崎法人会青年部会長（二〇〇一年三月退任）、二〇〇〇年八月長崎市伝統的建造物群保存地区保存審議会委員就任現在に至る。二〇〇一年九月長崎の教会群を世界遺産にする会設立　現在に至る。二〇〇二年三月　長崎県立大学非常勤講師就任現在に至る。二〇〇四年二月長崎市都市景観審議会委員就任現在に至る。

鞆の浦の文化的景観保存運動

松居 秀子(まつい・ひでこ)
〈NPO法人鞆まちづくり工房　代表理事〉

埋立架橋・バイパス道路建設反対運動

タイトル写真の上方に見える円形港湾が鞆港です。ここに橋を架けて埋め立ててバイパス道路を通すという計画が一九八三年、約二四年前に承認されました。それからいろんな形でこの案が浮いたり沈んだりしながら今に至るわけです。

私たち住民がこの計画を知ったのは一九九二年頃です。そのころにはほとんど行政手続は進んでおりました。こちらが防御できるのは、埋め立て申請を阻止することくらいという状況です。

世界遺産のフォーラムのお話をいただいたときにはそれほど緊迫してなかったのですが二〇〇七年一月に入りまして、埋め立て申請に向けて行政が非常に強硬な態度で測量を実施するということになってしまいました。昨日、その強行測量が行われ、現在緊迫した状況にあります。

では、鞆の町がどのような町か少しご説明いたします。

鞆の浦とはどんなところか？

鞆の浦は、瀬戸内海のほぼ中央に位置します。紀伊水道、豊後水道から鞆沖まで満ち潮にのって船がやってまいります。それから引き潮にのって、航海するのです。そのためどの船も、ほぼ、この鞆の浦で潮待ちをしました。

人の交流、物の交流が行なわれ、鞆の浦は万葉時代から良好の天然港湾として栄え、豊かな文化を築いてきました。港としての機能が完成するのは、ほぼ一八一一年、江戸時代です。その繁栄ぶりは、中世から近代、日本で有数の都市と言われたほどです。

世界遺産を意識して瀬戸内海の文化圏と共に「朝鮮通信使の道」を投げかけていけるのではないかと今、運動をしております。

この間、財団法人古都保存財団主催の「美しい日本の歴史的風土一〇〇選」に応募して、いろんな角度から鞆の景観を見ていただいております。

写真1は国立公園の後地山から名勝鞆の浦を写した写真です。

鞆の中央に位置する城山には一六〇〇年に広島城主福島正則が城を建てようとしました。鞆港を見下ろし、鞆港のむこうに名勝の島々が浮かびます。大正時代に名勝に指定されました風景です。

もしこれを埋め立てますと非常に景色も変わってきます。

「名勝鞆の浦の景色を変えることはおかしいのではないか」と文化庁にも投げかけたことがございますが、海は文化庁は立ち入れないということでした。

写真1　国立公園の後地山から名勝鞆の浦を写した写真

写真２　鞆のシンボルとして見られている常夜灯と大雁木

写真３
今、埋め立てられようとしている元町の浜辺風景
▶
▼

写真2は鞆のシンボルとして見られている常夜灯、今で言う灯台です。それから大雁木。干満の差が大きく四メートル～五メートルあります。そのために瀬戸内海の特徴である石段の雁木があります。この規模で残っているのは鞆港ぐらいです。

写真4　鞆の町並みの風景です。これは国の重要文化財

写真3は今、埋め立てられようとしている元町の浜辺風景です、ここを、きのう測量したわけです。測量というのは海岸線と陸の境を決める測量だということです。埋め立て申請に必要だと。それを私たちは帰ってくれ、認めてないということで頑張ったわけです。しかし、強引に測量は行われました。

写真5　鞆の町屋の風景

写真4、5は、鞆の町屋の風景です。港町としての鞆の豊かさの象徴として、お寺が、多いときで三〇ほどあったといいます。今でさえ一九ございます。人口五〇〇〇人で、ハウステンボスと同じくらいの敷地の中に、寺がまだ一九現存しています。天台宗以外ほとんどの宗派があります。真言宗は四つ、鞆には残っております。港町として栄えた鞆の一番貴重だと言われているシンボル五点セットというのがあります。

近代港湾遺跡でこの「常夜燈」、それから「雁木」、「波止」です。一八一一年のままの状態が残っております。

拡がる鞆の浦の景観保護運動

写真6は港を埋め立てた場合の、行政が出したコンピューターグラフィッ

ク写真です。橋がかかるとこのようになります。それから浜辺を埋めると写真6のようになります。

これを見て行政はすばらしい案だと、これにまさる案はないと、いまだに言ってるわけですね。それに対して私たちはトンネル案、バイパスとして必要ならトンネルでいいではないかと主張して、チラシも配って住民に訴えてはいるんですけれども、なかなか壁にものを言ってるような状態です。

鞆を取り巻くように車が走りますから、環境も悪くなりますし、観光的にも歴史的景観が破壊され大変なダメージを受けます。しかも工期は一二年かかる。その間、生活がどうなるんだというようなことも訴えております。

そのような中、昨年から住民だけではなく、イコモスも、これは大変だということで動いてくれております。イコモスより、反対決議を出され、委員長である前野先生などが福山市を訪問

写真6　港を埋め立てた場合の、行政が出したこれはコンピューターグラフィック写真

して要望を出しております。

ユネスコ、CIAV（ICMOS民家国際学術委員会）の委員の方々が視察され、やはり皆さん異口同音に、これをやると鞆は死ぬという言葉を残されるわけです。

鞆地区だけではなく福山市（四七万都市）の住民により「世界遺産しよう会」が立ち上がり、勉強会を昨年から始めました。

このように去年から世界中からいろんな声が届けられてくるのですが、行政は、これらをすべて無視しております。市長は推進を公約に掲げて当選し、それから鞆地区の、住民に回覧板でとった推進署名が鞆住民の九二％もあるということを挙げています。

このような事を大義名分として大多数が賛成の事業は推し進めるんだということを言ってるわけです。それに対して私たちはもう一度検討してほしいという署名をとりました。

万葉時代からの非常に古い町で、永い間のしがらみのあるところですから、このような署名の取り合いは住民感情をゆがめてしまいます。しかし、そういう中で三割の人たちから、検討し直そうということで署名していただいたのです。

それを行政にも提出いたしましたが、やはり無視されました。あくまでも九〇％の大多数が賛成ということでいまだに事業を推し進めようとしてるわけです。

もう一つの理由は、ずっとこの瀬戸内海を埋め立てる場合に、日本は同意をとって進めるというのがほとんど慣例的にやられてきました。これが原因で一度、前市長は断念するわけですが、今の市長になってまた事業を再開する。しかも、同意はなくても可能という独自の解釈を持って推し進めて去年からきたわけです。

NPOによる町屋再生・町並み保存の活動

そのような中、住民はNPOを立ち上げ、町屋再生をしてきました。三年の間に町の資産である町屋（江戸、明治の町屋）を、空き家をなくそうという運動で十数軒、再生してきております。その中にNPO自身が買い取り再生している「竜馬ゆかりの町家」もあります。

しかし、まだまだ非常に危機に瀕してる町屋が多いのが実情です。市の方は埋め立て架橋が出来なければすべてをフリーズ状態にと言っております。埋立架橋ができなかったら何もしてやらないということです。

ですから前市長が、埋立架橋を凍結したときに、市独自の町並み保存の助成金もストップしてしまったわけです。それがいまだに続いていて、鞆の町の町屋の荒廃が非常に目立っているというわけです。

また、鞆には、大小さまざまな神社が53ございます。それらも危機に瀕しています。

「どうにかしなければ」という危機感から私たちは、呼びかけ人をつのり、自分たちで基金をつくってその修理に当たろうということを始めたわけです。

片や私たちは、町の再生、活性化をはかり、片や行政はそれを壊して埋立架橋をしようとしている。その攻防をやってるわけです。

大多数が賛成してるという民主主義を使って、非民主主義なことをやってるというのが今の福山市行政のやり方です。先ほどバーミヤンの話も出ましたけど、私は皆さん何でそんなことするのって聞かれて説明がしにくいんですね、どうしてこんなことやるのって聞かれてもわからないんです。まさにバーミヤンのように、この遺跡を行政、公共事業が壊そうとしているとしか言いようがない。

もう壁にむかって十数年しゃべってきたのではないかと思うと、やるせないです。ここはほんとに民主主義の国なのか、もう信じられません。どうしていいのかわからない状態で、それでも住民は頑張っております。

緊迫する行政との対話集会

行政との対話集会は、まさにここに住んでる、浜辺で住んでる人たちと行政のやりとりなんです。住民は自分たちがこの浜を守ってきたじゃないかと、何で人の庭に土足で入るんだって言ってるわけです。

行政の人は、これは国の管理地だというのです。

県の職員は県知事に雇われてるって言ったんですね。県知事は、じゃあ、だれが雇ってるんだって話です。それは住民だ。国の管理地だから我々が管理する、守ると。

それから段々「国って何だ」という問答になっていったわけですけど、「国はだれがつくってるんだ、国の実態は何だ」、というようになっていきもうほんとに不毛の議論になっていってるわけです。

2回目の説明会では、「その前にやることがあるでしょう」という私たちの問いには全く答えず、ただ「五分、説明させてくれ」というだけでした。とにかく「五分説明させてくれ」。

要するに、「説明しました」、という既成事実だけが欲しいのです。

行政は、それを今日は言いにきましたというだけのことで、最初から、私たちの意見を聞くつもりなどないわけです。

それで、「違うだろうって、ちゃんと

説明責任があるだろう」ということを住民が言ったわけです。それでも説明したということで、きのう、測量をしたんですね。

　昨日もこのような住民との浜辺で、やりとりがありました。五日間ぐらいかかるっていったものを、行政は人数を大幅に増加して、たった半日行って帰りました。現在、非常に厳しい状況です。

　これで四月に県が知事に、埋め立て申請を出して、知事が許可をして、それを国が承認するという手はずになっていくということです。

　何としてでもこの町を守らなければなりません、いいお知恵をお貸しください。


【プロフィール】

広島県鞆町に生まれる。大学卒業後、神戸にて会社勤務。一九七六年、故郷鞆の浦に帰り学習塾を開く。一九七九～一九八一年にかけ、アメリカ、ヨーロッパを周る。一九九二年、子供たちに良い環境を残そうと「鞆の浦　海の子」を立ち上げ、鞆港保存活動を行う。一九九九年より大学との共同調査に入る。一九九八～二〇〇二年、毎年「鞆の浦シンポジウム」を開催。鞆の浦の客観的価値を問う。二〇〇三年、「NPO法人鞆まちづくり工房」を設立。鞆の歴史的遺産を活かしたまちづくりを掲げ、特に「空町屋再生・利活用事業」「港町ネットワーク事業」を中心に活動している。「竜馬ゆかりの町屋―魚屋萬蔵宅再生プロジェクト」はNPOが建物を買い上げ、二〇〇七年春にオープンした。

解消したい「世界遺産」についての「誤解」

後藤 太栄（ごとう・たいえい）
〈高野町長〉

「世界遺産」への登録がスタート

今、4名の方のお話をお伺いしただけでも世界遺産という切り口でいろいろなことが議論できるということが、よくわかると思います。

私は、12年ほど前にこの地高野山を世界遺産に登録しようと考えまして、運動を始めたわけですが、長崎の鉄川先生のところも同じですが、民間が動き運動を始めて登録まで至ったのは日本では我々が最初だったと思います。元々はこの高野山だけ単独で登録しようと登録運動を開始したのですが、さまざまな経緯があり、『紀伊山地の霊場と参詣道』という広域を一つの地域として登録を目指すことになりました。この地域の中にはサイトが複数あるわけですけれども、それに対してこの広い範囲だと「余りメリットがないのではないか」というようなことを言われる方がいました。私も最初戸惑いがあったのですが、世界遺産に登録されることが目的ではなく、世界遺産に登録されたことが、結論から言いますとむしろスタートだったと思います。危機遺産リストの話も出ましたけれども、私はユネスコの方に「荒廃してしまったらどうなるのですか、どんどんその世界遺産の価値がなくなったらどうなるのですか」と伺いました。彼は「簡単な話です、世界遺産リストから抹消するだけです。」と、仰ったのが印象的でした。それが今、現実となってリストからの削除が起こりつつあるわけです。しかし、それを防いでいこうとすることが、今回の〝持続的かつ普遍的な世界遺産の価値の維持〟というテーマだと思います。

その中で、パネラーの皆さんが記念物について説明をされたり、経過を説明されたり問題点を指摘されましたが、私は違う切り口で高野山のサイトについて、その登録の過程で気づいた、世界遺産に対する誤解について少しお話をして、コメントに代えたいと思います。

「遺産」という言葉についての「誤解」

まず、私が運動を始めたときに「〝遺産〟とは何事だ」とある方に叱られました。お大師様はここで今も衆生救済をしているのに〝遺産〟とは何事だと。実は、〝遺産〟と訳している事が問題であって日本人が誤解する原因になっています。日本語はユネスコの公用語ではなく、英語で書かれたものが正式文章です。それにはワールド・ヘリテージと書いてあります。では、「ヘリテージとは何ぞや」ということなのですが、私は言語学者ではないので、受け売りでなんですが、元々の語源はヘブライ語のヘリテートという言葉だそうです。これは神の〝選民〟、〝選ばれし民〟という意味だそうで、それが〝受け継ぐべきもの〟、〝選ばれしもの〟、〝大切にすべきもの〟という意味に転じ、ヘリテージという英語やフランス語になっていったようです。ですから、意味合いとしてはもちろん「遺産」という意味もあるのですが、どちらかというと「至宝」、人類共通の財産であり、国の壁や宗教の壁、民族の壁とかを排除した普遍的な価値観を共有しようという概念で、それをリスト化することです。しかし、決して優劣をつけるわけではないということもユネスコ本部のレクチャーで学びました。韓国人のヨンジャさんという職員に教示頂いたのを思い出します。それがまず最初にぶつかった誤解です。

世界遺産登録と法規制がリンクするとの「誤解」

次は、世界遺産登録と法規制がリンクしているのではないかという誤解であります。この誤解がなぜ生まれたかというと、この条約は一九六〇年代にアスワンハイダム建設の問題を契機に、一九七二年のパリ総会で制定されたのですが、日本が締約したのはその20年後の一九九二年です。二〇年間、日本人は誰も世界遺産なんて知らなかったし、興味もなかったのです。また法隆寺、厳島神社、そして原爆ドームが登録されてもあまり興味がなかった。一九九五年に白川郷が「行く年来る年」で放映されたとき、皆が急に興味を持ったのではないかと思います。アレックス・カーさんも仰っていましたが、そのときにメディアがおもしろく報道したのです。地元の人は困惑している、「世界遺産に登録されたら洗濯物も干せない」と…。私は、富山と岐阜の間の上平村という富山側の村を訪問し、教育長さんにお話を伺いました。彼は「いやぁ、登録に際して郵便ポストを昔風のものに変えたり道路のアスファルトをめくったり、そりゃもう一生懸命やったんですけど、ユネスコの調査員はそんなところは全然見てくれなかったんですよ。何に関心を持たれたと思いますか？〝結（ゆい）〟ですよ〝結〟」と言われました。〝結〟というのは相互扶助で茅葺きを葺き替える風習です。これが五箇山、相倉、菅沼というところに残っていたのです。もし葺き替えを工務店に依頼したら一〇〇〇万円も二〇〇〇万円もかかるのだそうです。そんな大金を数年ごとに蚕農家が個人で出すことはできません。それでみんなで助け合って支え合って茅葺きを残してきたのです。これが何を意味するかというと、物が残るのには精神性が必要だということ。また精神性にはもちろん経済的なことも絡んできますが、モノと精神が両立しないとそれはだめだということです。しかし、日本人はどうしても物だけに注目しがちです。「世界最古の木造建築物の法隆寺だから世界遺産なんだ」とかですね。「彦根城は暫定リストに載っているけれども、姫路城の方が登録されたからそっちの方がすばらしいのだ」と思ってしまったり、こういう誤解もあるんですね。そうではないということにわたしたちは気づかなければいけないと思います。

その、モノを残すということの重要性は先ほど言いましたが、ここ高野山には和歌山県内の九六％にあたる文化財七万八〇〇〇点があります。日本全体でいうと八％の文化財がこの五平方キロメートル余りの高野山上にあることになります。だから世界遺産になったということではないのですが、このようなことは必須ではないけれども重要なファクターではあると思います。なぜなら、このような文化財はここにもともとあったわけではなく、それは全て余所から来たわけです。都から来たり、全国から集まってきたのです。なぜそこに集まってきたかというところが重要で、高野山のことを〝山の正倉院〟と呼ぶ方もいますが、それはここに普遍的価値を求めたのだと思います。ここにその至宝を持ってくると普遍的価値を与えられる、未来永劫残る。そのもくろみは成功して平安時代から残っているものも、鎌倉期のものも、江戸期のものもあるし、奥の院に行って歩いていただくとほとんどの武将のお墓があります。大名、藩主をはじめとして、三日天下の有名人から、敵味方関係なくほとんど聞いたことがない無名の武将まで多彩です。ここに持ってくると少なくとも数百年は彼らの名前は残るというもくろみが当時からあったのでしょう。そういう側面もあるということで、普遍的な価値がここにはあったという精神性が垣間見られる部分でもあります。

観光事業のための世界遺産登録運動は不謹慎という「誤解」

もう一つショックを受けたことは、「精力的に世界遺産登録の運動をしているけれども、これは観光客の増加を目論んでの運動じゃないのですか」と、「それは（運動として）不純じゃないですか」と、あるジャーナリストの方に指摘をされました。私はショックを受けて、その当時のユネスコの世界遺産センター所長のバーン・フォン・ドロステ氏にお尋ねしました。彼は明確に私にこう言いました。「第二次大戦前と第二次大戦中は国境を越えることができたのは兵士だけ、もしくは少し幸運な難民だけです。今は年間八億人の人たちが国境を越え、その数は年間一五〇〇〇万人ずつ増えています。観光というのは平和産業です、ユネスコの〝教育、科学、文化の発展と推進を通して平和を実現する〟ということで設立理念に鑑みても、あなたの運動は間違いじゃないんだ、頑張りなさい。」と…

そういう意味で、観光ということを第一義的な目的にすることは余り好ましくないけれども、それが（サイトを維持する為の）資金を担保するということも事実です。その資金がなくて荒廃していったサイトもあります。それはユネスコ（条約）では縛っていません。地元の人たちがどのように（遺産を）守るかということを選択すればいいわけです。

インドのタージ・マハルは入場料を一〇〇倍にしました、そして酸性雨から大理石を守ろうとしています。またカジノをつくろうとしたエジプトのシナイ山やペルーのマチュピチュではロープウェイをつくろうとか…、いろいろなケースがあります。そういう動きもありますが、それはあくまで地元に任されたことで、それが間違った方向に行くと最終的にはリストから削除されるということだけです。したがって、それを心して運動をしなければいけないし、我々も常に考えなければいけないと思っています。

行政は景観維持を何で担保するか

それから、行政としての問題になりますが、高野町でも世界遺産に登録されるときに条例をつくりました。景観条例です。しかし条例というのはなかなか機能しないのです。たとえば高さを一〇メートルに、色は白や茶色に、材質は木製にと制限したとします。そういう決まりをどう解釈するかというと、「一〇メートル以下ならいいのだ、白ならいいのだ、木製ならいいのだ」となってしまい、結果として美しい建物とか風景とはかけ離れたものができてきます。条例は限界を決めているわけではありません。行政としては限界を決めなくてはいけないからそう決めのですが、住民はそれを充たせばなにをしてもいいという考えになるのですね。ですから私は、「向こう三軒両隣で協定を結んで、仲よくまちづくりをしていきましょう」という景観協定によるまちづくりを皆さんに提案しています。

ヨーロッパには建築不自由の原則という考え方があるそうです。建物というのは自由に建ててはいけないものだと。それとは逆に日本は建築自由の原則だそうです。建物は個人のものだからどのように建ててもいい。にもかかわらず先ほどの古い写真は京都でも東京でもきれいでした。それを担保してきた日本人の精神性はヨーロッパの取り組みに近いものがあったのですね。それは宗教に根差しているものと私は考えています。それがモラルハザードを起こし、破壊されてしまった今、何で担保するべきかということを考えています。もう間に合わないかもしれない。しかし、頑張るべきだと思っています。先程、鞆の浦の話が出ました。少し視点が違いますが、いろいろな意味で危機は今そこにあるということなのです。それで景観法を適用してはどうかと、今担当の職員が研究しています。果たしてここに景観法は必要だろうかということですが…

そこで私は現在の考えを最後に披露して最初の発言を終わりたいと思います。

戦略的眺望

もう一つヨーロッパにStrategic Viewという考え方があるそうです。これはあまり日本語に訳したものを見たことがないのですが、私は〝戦略的眺望〟と訳して理解しています。例えばロンドンではセントポール寺院とビッグベンが同時に見えなければならない。それを遮るモノは、人工建造物であれ自然物であれ一定のルールで排除しようという考え方です。日本にはStrategic Viewという概念は全くないと思います。そのような概念がなくても景観を維持できてきた理屈がやっぱりあったのだと…、生活習慣があったのだと考えています。それでは、高野における〝Strategic View〟とは、〝戦略的眺望〟とはいったい何なのかということを考えています。

今日、皆さん高野山に来られましたが、ここは町の中にお寺があるのではないのです。お寺の中に町があるのです。皆さんは今、正に境内にいます。境内の中に役場があり、境内の中に大学があり、境内の中に民家があり道路があるのです。境内の一番のシンボルは、やはり大きな塔、壇上伽藍の大塔です。これは宗教的にも景観的にも境内のどこからでも見えなければならないと私は考えています。しかし今、ほとんど見えないのです。どうして見えないかというと、木が大きくなり過ぎたからです。この考え方もユネスコ（世界遺産条約）から学びました。カルチャーランドスケープ＝文化的景観とは何ぞやと…。これも長くなりますので省略しますが、それを私なりに解釈し、あまり大きくなり過ぎた木は間引くべきであるとの結論に達しました。計画的に間引いて景観を維持するべきだと…。

もう一つは音です。金剛峯寺前に六時の鐘、伽藍に高野四郎という梵鐘があります。教会でもそうですけども、鐘というのは大抵高いところにあって、音色が町中に聞こえるようになっています。高野山でも条件のいいときは、この六時の鐘の音が一の橋あたりでも聞こえます。「ゴーン」と。しかし、大抵の日は大きくなった木、そして大きくなった建物、建物に使われている素材の近代化によってそれが遮られています。それに都市型のノイズ（騒音）によって聞こえない。これはやはり聞こえるように努力するのが戦略的眺望ではないかと…。眺望と訳していますが、Viewという単語にはそういう意味も含まれていると、私は思っております。ですから今後、登録を目指しているところの中でも、正にタイムリーに発表のあった四地域、飛鳥、富岡の製糸工場と長崎、そしてもう一つは富士山。富士山は私はよくわからないので、また西村先生にお聞きしなくてはと思ってるのですが、これから登録を目指す方々は登録された時点がスタートなのだと理解し、運動を展開していただきたいと思います。

最後に一言

アレックス・カー
西村 幸夫
杉本 俊多
玉林 美男
鉄川 進
松居 秀子
後藤 太栄

五十嵐　五つの地域から報告してもらいました。まだまだおっしゃりたいことがあると思いますが、最後にアレックス・カーさんと西村さんに一言ずつこの五つの報告を聞いた感想をコメントしていただければと思います。

自然・歴史・人の魂に対する信仰心に似た思いがあれば美しい景観は守られる

アレックス・カー　きょうは多方面にわたる活動の発表があり、一言ではとても要約はできません。しかし、その中で長崎の天主堂のお話があり、大変興味深く拝聴しました。

野崎村の小さな野首教会には、私も去年行きました。神聖な場所ですね。鉄川さんのおじいさんが設計したそうですが、御本人はキリスト教徒ではなかったとのこと。そのことが非常に興味深く感じられました。信者ではなくとも、やはり深い信仰心をもって設計したのだと思います。

町長さんもいわれたように、やはり一種の信仰心のあらわれでしょう。何かの宗教に帰依しているというのではなく、自然に対して、歴史に対して、人の魂に対して、信仰にも似た思いがあれば、美しい景観が守られていくのではないかと思います。

一つだけ皆さんにアピールしたいのですが、この中で実際に危機に直面しているのは鞆の方ですね。この鞆はほうっておくと、もうだめになる。だめになることを知った以上、このままにしていては、私たちはそれを容認したことになります。

小泉元首相の外国人による委員会があり、私もメンバーでしたけど、そのメンバー数人と僕と、できたら大学の先生や知識人、そして皆さんの関係者たちが一緒になり、手紙を書いて、安倍首相、中央の方に送りたいと思います。それはもう最後の手段だと思います。現地の人たちは頑張るまで頑張って、もうここまで努力したにもかかわらず、強固な態度で計画は実行されてしまいます。後は上の方で判断するしかありません。

一つ、最後に言いたいことがあります。民主主義と関係することです。世界遺産は、「世界」という言葉がついているように、高野山の住民たちだけの責任だけではなく、やっぱり日本のものであり、人類のものです。

第二次大戦中、アメリカは奈良、京都に空襲しませんでしたが、それは当時の軍事大臣スティームソンがトルーマン大統領に働きかけたことで実現しました。京都、奈良は敵たる日本だけのものではない、人類のものである、故に絶対壊してはならないと言いました。それでトルーマン大統領は奈良、京都を空襲リストから外したわけです。

その意味で、鞆の問題も福山市長が決めることではないと思います。それこそ日本の最後の江戸の港です。それは日本のものであって、日本の国のレベルで決めるべきところまで来ていると思います。鞆の問題は象徴的です。それが容易に解決できないと、つい私たちは放置してしまいます。事態を容認しては、だめになってしまいます。ぜひ皆さんのご協力をお願いしたいと思います。

経済活動による景観破壊という普遍的な問題を我々は突きつけせれているのではないか

西村　今、鞆の話が出たので鞆の話からしますけども、日本は今、地方分権と規制緩和ということでずっと動いてきてるわけですけども、地方分権になるとこういうことも起きてしまうんだということだと思うんですね。現実的に前の国土交通大臣、北側大臣は、福山市まで行って市長に会って、そして別の可能性もあるんだとまで言っているらしいんですね。でも市長は答えない。

しかし、今の仕組みでいくとですね、国はとめられないんです。公有水面埋立法のごく一部で国が関与できるという仕組みがあるので、そこで何とか時間を稼げるかもしれないですが、それ以上のことは困難なようです。

今、大半の計画や事業は地方分権のもと、県がやったり、市が決定して県が同意をするという仕組みの中で動いてきています。したがって、市のトップが事業推進で固まっていると、動かしようがないということがおきます。

そして、その背景には五十嵐先生がおっしゃってるように、ある公共事業の中でこういうものを動かすことが、ある特定の集団にとってプラスとなっていってしまうという仕組みがあるわけです。

その結果、アレックス・カーさんが示してくださったような、あんな景色が生まれてしまう。あれはだれもやりたくてやってるわけじゃなくて、あれはやっぱり公共事業のメカニズムが生み出した風景だと思います。そこのところを壊さないといけないわけで、そのためにはやっぱりそういう仕組みを投票で変えるしか今のところないんですね。

例えば確かにあの道は狭いから通り抜けをしようとするというのは不便なんですよ。不便だっていうときにいろんな解決の方法があるってことを知らないといけないわけなんですね。これがいいじゃないか、こういうことやったらできるんだっていう一つの可能性だけで、あ、それで渋滞が解消するんだったらそれでいきましょうというふうに思わないで、さまざまなことを考えないといけない。それだけ賢くならないといけないんだと思うんです。

ですから私は鞆の問題は単に鞆だけの問題ではなくて、日本が抱えている、日本の風景がこうなってしまったものを象徴している問題ではないかと思います。

鞆だけではなく、人が住んでて経済活動があるところでは同じようなことが起きてしまう。先ほど広島でも高層ビルの問題が起きていますし、鎌倉でも都心部はほとんど民有地ですからそこでいろんな活動が起きる。何とかしないといけない。

それを今、世界遺産という一つの大きな枠の中でもう少し工夫をして規制を強化をしていこうと、鎌倉も努力しているわけです。世界遺産という大きな目標があるからやれたんじゃないか。広島の問題は、これは広島だけでなく、先ほども言ったようにケルンやウイーンやサンクトペテルブルグで高い建物が建つときにどう考えるのかという問題と同じです。さらに、世界遺産の都市だけではなくて我々が住んでいる普通の都市が異質な高層ビルを持つことをどう考えるのかという問題につながるわけです。非常に普遍的な問題を我々は突きつけられているのではないかと感じます。

以上です。

これからは平和運動自体を世界遺産に

杉本　広島の場合、さきほど申し上げましたように、景観の問題が出てきていて、それだけは報告しよう思っていました。

それから「負の遺産」という問題があります。今後の課題は、そもそも戦後の施設についても世界遺産になっていく時期に入ってくるんだろうということで、平和記念公園それ自身をこれから世界遺産にしていけないかなと考え始めているところです。

たまたま、丹下健三さんが設計した建物については、昨年、国の重要文化財に指定されました。戦後の建築物として初めてということです。それから平和記念公園自体が名勝という形で、やはり国に指定されました。今後、平和記念公園を含めて世界遺産に、つまり先ほどバッファーゾーンとして示したところが本来の世界遺産になっていってほしい。

さらに、広島においていわゆる平和運動というものをやってきたこと自体、ある種の社会的、歴史的な記憶に留めるべき動きであり、世界の人々が認めてくれるはずなので、そちらをむしろ積極的に、「負の遺産」に対する「正の遺産」として世界遺産化したいと思っています。世界の世界遺産を見ていますと、そういう種類の説明の仕方をしているところが結構あるのですね。

広島の施設ではあっても、もうほとんど広島の人たちだけのものではなく、原爆ドームは世界じゅうの人でほとんど知らない人がいないんではないかと思うぐらいに知られています。ある種の世界の財産になっていて、今、議論にありましたような格好で世界中の人の共有物になっていくであろうと。

我々日本人は、まだ十分に世界に視野が広がっていませんが、ヨーロッパではもう国境がない時代になっています。我々日本人も世界に対して我々の財産を「世界で共有しましょう」と言っていく段階だろうと思います。

そういう意味で、世界遺産についての考え方は、先ほど高野町長さんからもお話がありましたように、日本人が持っている知恵を世界の人々に認めてもらおうということだと思います。そういう広がりをこれからますます持っていくことだろうというふうに考えて、さまざまな形で、長期的に考えていきたいなというふうに思ってます。

行政は制度は作れますが、景観は制度では決して守れません。景観を守るのは住民です

玉林　鎌倉の方から二点あります。

一点は、景観は誰が守ってきたのか、俺たちが守ってきたんだという住民の大きな叫びです。誰が守っていくのかというと、行政では決して守れないということです。地域に住んでらっしゃる方、関係者の方しか守れないいんです。お寺さんはお寺さんが守っていく、信者さんが守っていくのです。行政は制度は作れますが、制度では決して守れません。守っていくのは皆さんです。行政にそういう部分での過大な期待をすることは間違っているということをまず言いたい。

それからもう一つは、文化的景観の関係で町長さんが言われた、山の木の話です。山の木は、実は山という畑の作物なんだということです。鎌倉では今、古都保存法の関係がありますけれども、世界遺産を目指して山の木を切っていこうとしています。ただ自然が大事だから残していこうというのではなく、その場所に合った文化的景観があるのだということです。どうしてそういう景観になってきたかということを考えて伝えていかなければいけないということです。

以上、二点です。

文化財としての教会は人類の財産である。しかし、本来「信者の祈りの場」である

鉄川　私どもの会にはさまざまな職種の方がおりますけれども、そのなかに聖職者の方にも何人かご参加をいただいております。

文化財としての教会が、その地域の活性化の材料であるという考え方も確かにあります。しかしこのことに関しては、立場によって意識の差がございます。先ほど教会群がなかなか早い時期に評価をされなかったと申し上げましたが、信者さん方自身にそういった文化財指定に対して抵抗があったというような側面もありました。しかしこれは次第に、このような教会群が地域全体の宝であるという意識に変わってきているのも事実です。ただ、そこがやはり祈りの場であるということは全く変わらないわけで、私達は一番それを重要視しなければいけないというのが一つ。

それから、やはりこだわりとして教会は生きていなくてはいけないという気持ちがあります。新しい教会を横につくって、建物のみ文化財として生かしていく。それは一つの考え方としてありますし、そのような形で残している教会も確かにあるわけですけれども、しかしやはりそこに「祈りの場」があるということが一番その教会の美しい姿であると思います。

文化財としての教会は人類の財産である。しかし、信者さんの祈りの場であるという、ある意味相反するその重なりをずっと維持していけるような環境をつくっていく、このことは私たちの仕事としてやっていかなければならないのではないかというふうに思っております。

地方分権がすべて壁になっていて、何かやろうとしても、市が動かないと何もできない。

松居　アレックス・カーさん、西村先生が全部おっしゃってくださったんですけれども、私が活動して一五年ですが、その間に鞆を取り巻く環境もいろいろ変わりました。行政的にももちろん文化財保護法から「重伝建」、それから景観法、そういうのができるたびに私は小躍りして、あ、これで守れる、これで守れるって思ったんですが、今、西村先生がおっしゃったように地方分権がすべて壁になってしまって、何かやろうと思っても市が動かないと何もできないのです。

五〇万都市ですから景観行政団体に入ってるんですが、それなのに何もしようとしない。景観行政に入っていくと鞆に橋がかけられないからと平気で言ってはばからない。やはり文化財とかこういうものは何か行政から離れた、やはり大きなもうちょっと違うところからちゃんと指定できるようなシステムがつくれないんだろうか。幾らいい法律ができても、それを使う人がだめなら何も役に立たないなんて、こんなばかな話ないよねって、やっぱり素人は考えてしまいます。やはりこういうものはどこか超法規的に何か行政、議員から離れたところでやられるようなものをつくれないんだろうかと思います。

世界遺産の高野山ではない、高野山は世界遺産である

後藤　私が最後に申し上げたいのは、世界遺産を過大評価してはいけないということです。今日はイコモスの副会長をされた西村先生もいらっしゃいますが、私は常に講演などの最後に、世界遺産は単なる世界遺産（条約）ですから、「世界遺産の高野山ではないのです」、「高野山は世界遺産でもあるのです」、フフッと微笑んでおけばいいのだ、と思っていると言っています。しかし、（理念の）利用価値は計り知れません。それはあらゆる意味で…、まちづくりにも行政にも…。それから高野山でいうと本山にも、商工

関係の方々にも、すべての人にとって得になるツールとして使うことが可能だと考えています。そのことを強く主張しています。

最後に申し上げると、〝聖地の景観〟と〝世界遺産の景観〟は完全にイコールだと思っています。従って今我々は何をすべきかということは簡単に理解できると私は思っております。

五十嵐　ご協力ありがとうございました。きょう皆様がおっしゃったことは、後で皆さんに配られますけれども宣言文にかなり先取りして盛り込んでるつもりです。後で宣言文で発表されますので、ぜひそれをばねにして今後ともこういうシンポジウムや運動をいろんなところで続けていただければありがたいというのが一つです。

二番目、個人的なことでありますが、私自身はここで一年間、真言宗の勉強をさせていただきました。しかし、先ほどの松居さんの一番最後のシーンを見てまして、本来私自身は弁護士でありまして、もうひとつの私の生き方としてやはり法廷というのが残ってるというふうに気がつかされました。時間と精神と気力が許すならば、もう一度法廷に戻ってもいいかなと、ちょっと感じてるところです。

どうも、シンポジウム長い間ありがとうございました。皆様ご苦労さまでした。

（拍手）

■閉会にあたって

わたしたちのいのちを宇宙のいのちと自覚できて～

生井《なまい》 智紹《ちしょう》〈高野山大学学長〉

三年前高野山が世界の遺産として登録されて以来、高野、本山金剛峯寺、そしてわたしどもの大学も、実際の行政の上でさまざまな問題点を抱えております。きょう、お話いただきましたアレックス・カー先生、西村先生、そして五十嵐先生をはじめとするようなパネリストの先生方から、今、わたしたちが本当に守らなければならないものは何かを、さまざまな問題点とともに示していただいたかと思います。わたしたちにとって守るべきものは何か、そしてそれをどう次世代に伝えて持続させていくか、多分それを自覚して努力することは美しい行為になっていくのではないかと思います。

弘法大師が高野山を開かれるときに、「法身の里」ということばでこの山を表現しておられます。現代の言葉で申しますと、本来の宇宙のいのちをわたしたちのいのちとして自覚し、ほとけの古里にあるかのように安らぎとともにいのちの営みを続けていく、そのことをわかるための修行の場と述べておられます。わたしたちの一番大切なものがいのちです。本来のいのちを営む、それはどういうことなのでしょうか。自然と人間そして人と人との関係、そこに美しいと感じるもののすべて、それがわたしたちの一番大切にしなくてはいけないものではないかと思います。

わたしたちがそれを次世代に伝え、ずっと守っていくべきもの、それは多分、いのちという言葉でしめされる、わたしたちのもっとも根源にある霊性、あるいはスピリチュアリティというようなものではないかと思います。わたしたちだれもが、美しく生きいきとしたものと感じられる、そしてどうしても次世代にも生かされるべきいのち、多分それを呼び覚まされ生かす術を学ぶ場所が、霊場としての美しいこの世界遺産の地域ではないかと思います。

わたしたちが一二〇〇年にわたり伝え、そしてこれから伝えるべきものが何かということも、このような会議を通じて明確な形で現実の行政の問題としてあらわれてきたかと思います。皆さんと一緒にもう一度そのことを気づかせていただきました今回の先生方に深甚の感謝申し上げますとともに、この宣言をつくり上げましたこの会に対しまして深く敬意を表し、閉会の辞といたしたいと存じます。

ご参加のすべての方々、本日はどうもありがとうございました。

（拍手）

資料

日本における
世界遺産（候補地含む）
の現状と課題

目次
Ⅰ　世界遺産登録済み物件　153
Ⅱ　世界文化遺産暫定一覧表記載資産　163
Ⅲ　世界文化遺産暫定一覧表記載資産候補　179
Ⅳ　世界遺産登録に向けて活動中の地域　197

本章は、平成19年1月26日開催の「世界遺産フォーラムin高野山」のために作成・配布された「資料集」をもとに、各寄稿者に平成19年10月22日時点で加筆・訂正をいただいた原稿をもとに再構成したものです。

Ⅰ　世界遺産登録済み物件

・　知床（北海道）2005年登録

Ⅰ－1　白神山地世界遺産地域（青森、秋田）1993年登録●　154

Ⅰ－2　日光の社寺（栃木）1999年登録●　155

Ⅰ－3　白川郷・五箇山の合掌造り集落（岐阜、富山）1995年登録●　156

Ⅰ－4　古都京都の文化財（京都市、宇治市、大津市）（京都、滋賀）1994年登録●　157

・　姫路城（兵庫）1993年登録

・　古都奈良の文化財（奈良）1998年登録

・　法隆寺地域の仏教建造物群（奈良）1993年登録

・　熊野参詣道伊勢路（風伝峠道・横垣峠道・七里御浜）（三重）

・　紀伊山地の霊場と参詣道（霊場　吉野・大峯）（大峯奥駈道）

（三重、奈良、和歌山）2004年登録

・　紀伊山地の霊場と参詣道（熊野古道）○

Ⅰ－5　広島平和記念碑（原爆ドーム）（広島）1996年登録●○　158

Ⅰ－6　厳島神社（広島）1996年登録●　161

・　石見銀山遺跡とその文化的景観（島根）2007年登録

・　屋久島（鹿児島）1993年登録

・　琉球王国のグスクおよび関連遺跡群（沖縄）2000年登録

○はパネリストの地域、●は今回寄稿いただいた地域

Ⅰ-1　白神山地世界遺産地域

◇世界遺産登録名称

白神山地世界遺産地域

登録　平成5年12月11日

◇団体の名称　白神山地世界遺産地域連絡会議

◇団体の所在地、連絡先

・東北地方環境事務所　仙台市青葉区本町3-2-23　仙台第2合同庁舎6階　022-722-2870

・東北森林管理局　秋田市中通5丁目9-16　018-836-2489　・東北森林管理局青森事務所　青森市柳川2丁目1-1　017-781-2125　・青森県自然保護課　青森市長島1丁目1－1　017-734-9257　・青森県林政課　青森市長島1丁目1－1　017-734-9507　・青森県文化財保護課　青森市新町2丁目3－1　017-734-9920

・秋田県自然保護課　秋田市山王4丁目1－1　018-860-1616　・秋田県水と緑推進課　秋田市山王4丁目1－1　018-860-1750

・秋田県文化財保護室　秋田市山王3丁目1－1　018-860-5193

[関係町村]〈青森県〉・西目屋村総務課　中津軽郡西目屋村大字田代字稲元144　0172-85-2800　・鰺ヶ沢町企画課　西津軽郡鰺ヶ沢町大字本町209-2　0173-72-2111　・深浦町企画財政課　西津軽郡深浦町大字深浦字苗代沢84-2　0173-74-2111　〈秋田県〉・藤里町事業課　山本郡藤里町藤琴字藤琴8　0185-79-2111

◇世界遺産の概要

白神山地は青森県南西部と秋田県北西部の県境にまたがる標高100メートルから1,200メートルあまりに及ぶ山岳地帯の総称。遺産地域はこの中心部に位置する約17,000haの地域で、都市から遠く離れ、傾斜が急峻なため、ほとんど手つかずの広大で原生的なブナ林が残されている。

白神山地のブナ林内には多種多様な植物群落が生育し、また多くの動物群も生息していることから、わが国の固有種であるブナを中心とした森林生態系の博物館的景観を呈している。

この白神山地を世界自然遺産として将来にわたって価値を損なうことなく維持していくため、環境省、林野庁、青森県、秋田県の4者で構成する「白神山地世界遺産地域連絡会議」を設置、関係機関の連携を図り、関係町村との情報交換会や巡視員会議を開催するなど、地域と一体となった保全管理に努めている。

◇問題点

白神山地遺産地域の核心地域へは、限られた既存登山道及び青森県側の指定27ルート（届出が必要）を利用しての入山となり、到達するのに数時間を要するほか、沢や峰筋を利用するため登山道としての整備がされておらず一般利用者が容易に利用できるルートではない。そのこともあり、人為的な影響は少ないが一部の入山者によるゴミ、たき火の行為等が見られる。また、遺産地域内は全域禁漁区に設定されているが、違法釣り行為が見られる。

◇課題と方針

白神山地世界遺産地域連絡会議では、適切に情報交換等を図り各構成メンバーで行っている巡視業務の効率的な実施・強化を図っている。

違法釣り行為対策については、関係行政機関及び漁業組合に情報提供し、巡視の強化等を要請することにしている。

Ⅰ-2　日光の社寺

◇世界遺産登録名称　日光の社寺
◇団体の名称　日光市
◇団体の所在地　栃木県日光市今市本町1番地
◇代表者名　市長　斎藤　文夫
◇連絡先　日光市教育委員会事務局生涯学習課
TEL　0288-21-5182
FAX　0288-21-5185
E-mail　shougai-gakushuu@city.nikko.lg.jp

◇世界遺産の概要

世界遺産「日光の社寺」は、東照宮・輪王寺・二荒山神社の二社一寺とそれに伴う103棟の建造物、及び、これらを取り巻く環境から構成されている。

男体山を中心とした日光の山々は古くから山岳信仰の舞台であり、8世紀後半に男体開山をした勝道上人により、麓の登山口に今日の二荒山神社や輪王寺の原型となる堂社が創建され、日光修験の場として発展した。17世紀には東照宮が造営され徳川家康が東照大権現として祀られるなど、将軍家の霊廟として手厚い保護を受け繁栄した。

現在、登録資産の構成要素である建造物群は、国庫補助事業として修理・整備を行っており、その保存・保護が図られている。また、文化財保護法や関係法令によって開発行為が制限され、登録資産の範囲や緩衝地帯内の現状の維持が図られている。

しかし、区域の南西境界付近の市街地については、開発行為に対する適切な監視が必要である。そのことについては、登録時にICOMOSによって「世界遺産の区域の南西境界あたりでの開発圧力について、当該国は今後わずかでも驚異がおきないよう、モニタリングにおいて絶えず警戒する必要がある」とコメントされており、留意すべきであると考えている。なお、当市では日光市景観条例を策定中であり、周辺地域において文化財と調和した景観が生み出されることが期待されている。

◇問題点

「日光の社寺」が抱える主要な問題の一つとして、建造物の腐朽・劣化があげられる。日光山内は湿度が高く、建造物の保存にとって決して良好な環境にあるとは言えず、さらに酸性雨や汚染物質の影響も建造物と周囲の環境に害を及ぼす無視できない要因である。

こうした腐朽・劣化を防ぐために、「日光の社寺」を取り巻く環境を把握し、登録資産に害を与える兆候を的確に把握することによって初めてその対策を講じることが可能となると考えている。これまで当市では、定期報告作成に伴い、関係各機関の指導・協力を得て、風速・雨量・温湿度等を観測しているが来年度以降はそれらの体制をさらに強化していく計画である。

◇課題と方針

自然環境の変化や開発行為等による影響を的確に把握するためのモニタリング体制の確立があげられる。庁内および関係各機関等との連絡を密にし、モニタリング体制の確立を目指し、そのうえで、人類共通の資産の一つである「日光の社寺」の素晴らしさを世界に発信していきたいと考えている。

Ⅰ-3　白川郷・五箇山の合掌造り集落

◇世界遺産登録名称

白川郷・五箇山の合掌造り集落

◇団体の名称　富山ユネスコ協会

◇団体の所在地　富山市新富町1-2-3

ＣｉＣビル3階「とやま市民交流館」内

◇代表者名

◇連絡先

TEL　076-431-4569

FAX　076-431-4560

◇世界遺産の概要

●世界遺産リスト登録：1995年11月、文化遺産（南砺市相倉合掌造り集落：24棟の合掌造り家屋、菅沼合掌造り集落：9棟の合掌造り家屋）

●国内法による保護措置：1970年12月史跡に指定、1994年12月重要伝統的建造物群保存地域に指定

●合掌造りは山間に住む一般民衆が生み出し育んできたもので、現在もその文化が守られ人が住み続けている遺産として世界的にみても極めて意義深いものである。また、気候風土や入手しやすい建築部材、生活環境から生まれたもので、急勾配の切妻屋根という特異で雪深い地域に適した姿になっている。

◇富山ユネスコ協会の活動

1）「相倉合掌造り集落茅場の下草刈り」ボランティア

富山ユネスコ協会では、合掌造り集落の保存に少しでも貢献するため、相倉合掌造り集落保存団体理事長池端滋氏のアドバイスを受け、2005年7月から相倉合掌造り集落において、屋根を葺く茅の栽培に資する「茅場の下草刈り」ボランティアを実施している。

下草刈りを行う茅場の面積は40アールで、一棟のおよそ片屋根分に当たり、集落全体の茅場の4分の1から5分の1に相当する。

相倉合掌造り集落入り口の駐車場に現地集合し徒歩で茅場へ行き、同保存財団作業主任山口勇氏から鎌の使い方、茅と下草の見分け方等の指導を受け1時間半程度下草刈りを行う。作業の後、合掌造りの民宿で五箇山に関する講話を聞くことにしている。

（2005年7月実施：参加者41名、講話：「五箇山合掌造り集落の自然と歴史」講師：相倉合掌造り集落保存団体理事長・富山ユネスコ協会理事　池端滋氏、2006年7月実施：参加者31名、講話：「日本の伝統建築と合掌造り」講師：富山国際職芸学院教授　上野幸夫氏）

2）絵で伝えよう！「わたしの町のたからもの」絵画展

社団法人日本ユネスコ協会連盟では、地域の文化財や身近な自然環境のすばらしさを見つめ直し、未来に引き継ぐ気持ちを育むために、各地のユネスコ協会を通じて「わたしの町のたからもの」をテーマに絵画作品の募集・展示を行っている。

富山ユネスコ協会でも、2005年から小中学生を対象に絵画作品を募集し、全作品を8日間にわたり展示している。（2005年応募作品386点、2006年応募作品569点）

3）世界遺産写真パネル展

富山ユネスコ協会では、毎年、世界遺産写真パネル展を開催し、世界遺産の保護保存の重要性を訴えるとともに募金活動を行っている。

Ⅰ-4　古都京都の文化財（京都市・宇治市・大津市）

◇**世界遺産登録名称**

古都京都の文化財（京都市・宇治市・大津市）

◇**団体の名称**　大津市

◇**団体の所在地**　大津市御陵町３番１号

◇**代表者名**　大津市長　目片　信

◇**連絡先**　大津市教育委員会歴史博物館文化財保護課

TEL　077-528-2638

E-mail　otsu2406@city.otsu.lg.jp

◇**世界遺産の概要**

延暦寺は、京都市・宇治市・大津市の３市にまたがる17の社寺・城からなる「古都京都の文化財（京都市・宇治市・大津市）」の一つとして、平成６年に世界遺産に登録された。大津市に所在する延暦寺が「古都京都の文化財」とされたのは、平安京の北東、鬼門を護る王城鎮護の寺として信仰を集めたからであった。

延暦寺は当初は比叡山寺と呼ばれ、延暦７（788）年伝教大師最澄によって開かれた。最澄は延暦23年唐に留学し、帰国後天台宗を開き、平安京の北東、鬼門を護る王城鎮護の寺として発展してゆく基礎が築かれた。最澄は弘仁13（822）年に没したが、翌年嵯峨天皇から延暦寺の名前を賜り、その教えは弟子達によってうけつがれ、やがて比叡山中の東塔・西塔・横川の三塔が十六谷に別れて多くの僧侶が、修行にはげんだ。

平安時代に入ると、皇室や摂関家とのつながりが深まり、多くの庄園の寄進をうけたが、一方で僧兵の強訴に代表される世俗化が顕著になっていった。鎌倉時代に入ると、新仏教の祖師達は比叡山での修行を出発点として、新仏教を開いていく。

世俗化した延暦寺に大きな打撃を与えたのが、元亀２（1571）年の織田信長による山門焼き討ちであった。これにより、一山は灰塵に帰し、数多くの貴重な文化財も焼失の憂き目にあう。

信長没後、天下統一の事業を引き継いだ豊臣秀吉によって延暦寺の再建が着手され、徳川幕府にもひきつがれていった。現在見ることができる延暦寺の伽藍は秀吉による再建以降のもので、東塔地区に国宝の根本中堂と重要文化財の根本中堂廻廊・戒壇院・大講堂、西塔地区に重要文化財の転法輪堂・瑠璃堂・相輪樘・常行堂及び法華堂が所在し、延暦寺境内が史跡指定を受けている。

平成９年には、麓の坂本里坊地区が国の伝統的建造物群保存地区の選定をうけた。坂本は延暦寺・日吉大社の門前町として栄え、室町時代には戸数で２～３千戸、人口で数万を擁し、畿内でも京都・奈良に次ぐ大都市であったと想定されている。織田信長による山門焼き討ちで坂本も灰塵に帰したが、その後の復興で現在の里坊の点在する町並みが生まれた。里坊の名は、山上の延暦寺境内の山坊に対し、麓に設けられたことに由来している。山上で修行に励んでいた僧侶が、高齢となって山麓に引退して生活を送った場所であった。

外観は、道に面して門を構え、穴太衆積石垣と土塀・生垣などに囲まれ、建物は奥まったところに見られ、石垣と緑がおりなす独特の景観が残されている。里坊は現在も50程あり、延暦寺の僧侶の方々の生活の場となっている。

Ⅰ-5　原爆ドーム　Hiroshima Peace Memorial (Genbaku Dome)

◇世界遺産登録名称

原爆ドーム　Hiroshima Peace Memorial (Genbaku Dome)

◇団体の名称　広島市

◇団体の所在地

広島県広島市中区国泰寺町一丁目6-34

◇代表者　広島市長

◇連絡先　広島市企画総務局国際平和推進部

〒730-0811　広島市中区中島町1-5

TEL　082-242-7831

FAX　082-242-7452

E-mail　peace@city.hiroshima.jp

◇世界遺産の概要

世界遺産に登録されたのは、原子爆弾によって破壊された旧広島県産業奨励館（被爆時）の建物1棟であり、緩衝地帯で保護されている。

その位置及び面積は次のとおり

［座標位置］　北緯34度23分、東経132度27分

［面積］　資産面積0.4ha、緩衝地帯面積42.7ha、合計43.1ha

また、原施設である広島県物産陳列館（竣工時）の概要は次のとおり

［竣工］　大正4年（1915年）4月5日

［設計］　ヤン・レツル（チェコの建築家）

［様式］　ネオ・バロック様式とセセッション様式とを融合　［構造］3階建一部5階建（正面中央階段室）　レンガ造外装モルタル及び石材仕上　［建築面積］　1,023m^2

［高さ］　25ｍ　［ドーム部］　長軸約11ｍ、短軸8ｍ、高さ約4ｍ、銅板葺

◇これまでの活動経緯

わが国の世界遺産条約の加盟については、平成4年（1992年）6月19日、国会での承認、6月30日、加盟受諾書のユネスコへの寄託を経て、9月30日に加盟が実現した。

こうした中、平成4年（1992年）6月22日、広島市議会で平岡敬市長が「原爆ドームを世界遺産に」という考えを明らかにした。広島市では、関係機関から情報収集を行い、9月4日、世界遺産を所管する文化庁記念物課と協議を行い、この協議において、文化庁から「①世界遺産として国が推薦するためには、国内法（文化遺産の場合、文化財保護法）の保護を受けていることが前提であり、原爆ドームは、その保護を受けていない。②現時点では、史跡の指定は明治中期までであり、それ以降のものは行っていない。近代の史跡については、近代の史跡の考え方を整理した上で個々の史跡を指定することになるが、現時点ではそこまで至っていない」との考えが示された。

平成4年（1992年）9月29日、広島市議会は、「原爆ドームを世界遺産リストに登録することを求める意見書」を採択し、総理大臣をはじめ、外務・文部・建設・自治の各大臣あてに提出した。平成5年（1993年）1月21日には、平岡市長が外務大臣、文化庁長官に要望書を提出し、以降、機会あるごとに関係閣僚や国会議員、関係機関等に対する要望を繰り返し行った。また、広島市では、外務省、文化庁と毎月のように協議を重ねましたが、文化庁の考えは変わらず協議は平行線をたどったままだった。

こうした中、「原爆ドームの世界遺産化をすすめる会」（すすめる会）が、幅広い市民団体の参加により、6月7日に発足した。

すすめる会では、6月19日から原爆ドームの世界遺産化を求める国会請願のための署名運動を開始し、これに合わせて県内の市町村議会に原爆ドームの世界遺産化を求める意見書を採択するよう要請した。この署名運動は、各地のマスコミにも取り上げられ、全国から次々と署名が寄せられ、わずか3か月足らずで100万人を超え、10月14日には、134万5,700人の署名を添えた請願が衆・参両院議長に提出された。

この請願は、平成6年（1994年）1月28日、参議院で採択されたが、衆議院では保留とされたため、すすめる会は、前年10月以降に集まった約30万人の追加署名を添えて、3月18日、衆議院議長に対して再請願し、6月29日、衆議院でも採択された。7月6日、広島市は、原爆ドームの世界遺産化の推進組織として、学識経験者や各種団体の代表者で構成する「原爆ドーム世界遺産化推進委員会」（推進委員会）を発足し、まず広島委員会を開催した。7月20日には、東京委員会を開催し、7月29日、推進委員会として、外務大臣、文部大臣、文化庁長官に、また、8月6日に総理大臣に対して要望活動を行った。続いて、11月25日、社団法人日本ユネスコ協会連盟と共催で、東京において、「世界遺産シンポジウム'94—世界遺産条約と原爆ドーム」を開催した。こうした取組みにより、原爆ドームの世界遺産化の気運は、大きく盛り上がっていった。

平成6年（1994年）6月7日、閣議後の閣僚懇談会において、石田幸四郎総務庁長官が「日本は唯一の被爆国としての立場で世界に平和をアピールしなければならない」と原爆ドームの世界遺産化を提案したことを受けて、羽田孜内閣総理大臣が「世界遺産条約に基づく世界遺産リストに広島市の原爆ドームを登録するため、世界遺産委員会への推薦を検討するよう」関係閣僚に指示した。（※個人の役職は当時のもの）

平成7年（1995年）3月6日、文部大臣は、「史跡指定の対象を第二次世界大戦終結ころまでとする」よう特別史跡名勝天然記念物及び史跡名勝天然記念物指定基準（史跡指定基準）を改正した。3月29日、原爆ドームの史跡指定の諮問が文部大臣から文化財保護審議会になされ、5月19日には、指定の答申が出された。6月27日、原爆ドームの史跡指定が官報に告示され、法的な効力が発生し、ようやく世界遺産に推薦するための前提条件が満たされることになった。

9月21日、文化財保護審議会は、原爆ドームを世界遺産一覧表に記載する物件として世界遺産委員会に推薦することを了承し、これを受けて翌22日、関係省庁連絡会議が開催され、政府決定がなされた。9月28日、推薦書は、外務省から世界遺産委員会へ提出された。

平成8年（1996年）の世界遺産委員会は、メキシコのメリダで12月2日から開催され、現地5日午前（日本時間6日未明）、原爆ドームの世界遺産一覧表への登録が決定したとの連絡が広島市に伝えられ、4年間にわたる行政と市民団体が連携して推進してきた取組みは、ここに実を結んだ。

◇世界遺産の現状

世界遺産登録後は、平成11（1999）年、『史跡原爆ドーム保存整備計画』を策定し、将来にわたる世界遺産としての技術的な保存の在り方を定めた。

また、原爆ドームを将来にわたって保存していくための最善の技術的手法を検討するため平成13（2001）年2月に『史跡原爆ドーム保存技術指導委員会』を設置し、同委員会の指導のもと、概ね10年（平成13年～平成22年）を目処として、技術試験・調査を実施している。

原爆ドームの保存工事はこれまで3回行っており、世界遺産登録以前には2回の保存工事を行っている。第1回保存工事は、昭和42（1967）年4月から同年8月にかけて、小規模な崩落、落下が進んでいた当時の現状を可能な限り保存するため、壁体亀裂部分の接着工事、危険な箇所の補強鉄骨工事などを行い、第2回保存工事は、平成元（1989）年10月から平成2（1990）年3月にかけて、コンクリート、煉瓦などの構成部材や第1回保存工事における補修部材の劣化の抑制のために、コンクリートの劣化補修、鉄骨部材の防錆塗装などを行った。

平成14（2002）年10月から平成15（2003）年3月にかけての第3回保存工事では、オリジナル部分には、可能な限り保存の手を直接入れない、可逆的な工法とすることを基本方針とし、主に雨水による劣化要因の軽減のために、壁天端に対する保存措置、窓台に対する保存措置などを行った。

また、保存していくにあたり、現状を把握するとともに、補修を必要とする箇所とその方法を検討するため、平成4（1992）年から3年ごとに健全度調査として、外観調査（ひび割れ、モルタルの浮き、鋼材の腐食等）、沈下量測定、鉛直度調査（壁体の傾きの調査）を実施しており、平成7（1995）年からは、これに加えて、吸水防止材の劣化状況の調査も行っている。

◇世界遺産の景観保全

原爆ドームのバッファーゾーン内の景観については、世界遺産への登録推薦にあたり、平成7（1995）年9月、「原爆ドーム及び平和記念公園周辺建築物等美観形成要綱」（以下「要綱」という。）を制定し、建築物の配置や壁面の色彩・材料、屋外広告物の設置等について、建築主等と事前協議を行い、原爆ドーム及び平和記念公園周辺にふさわしい良好な景観形成の誘導を図ってきた。また、平成18（2006）年11月には、建築物等の高さについても事前協議の対象とするとともに、高さ基準を設定し、それに沿った建築物等の立地を誘導するため、要綱の一部改正を行った。

平和記念公園内の平和記念資料館本館、広島平和都市記念碑（原爆死没者慰霊碑）及び原爆ドームは、平和記念公園の中心軸として、南北一線上に配置されている。これは、昭和24（1949）年に実施された設計競技で1等に入選した丹下健三氏グループの構想に基づくものであり、平和記念公園の中心コンセプトである。この南北の軸線を見通す景観は、平和の象徴としての原爆ドームの存在感を確保する観点から特に重要と考えている。

一方で、市の中心部に位置する原爆ドームの東側地区は、土地の高度利用により商業・業務施設などの立地の誘導を図る地区であり、原爆ドーム周辺に相応しい品格のある雰囲気と都市的な賑わいとのバランスが取れた景観形成が課題となっている。

今後は、景観法に基づく「景観計画」の策定や条例による規制など法的拘束力のある制度の導入が必要と考えており、幅広く市民の意見を聞き、市民合意の形成を図りながら、その導入について検討することにしている。

Ⅰ-6　厳島神社

◇世界遺産登録名称　厳島神社

◇団体の名称　廿日市市役所
（廿日市市教育委員会教育部文化課）

◇団体の所在地　広島県廿日市市下平良
1丁目11－1

◇代表者名　廿日市市長　山下　三郎

◇連絡先　TEL　0829-20-0001（代表）
FAX　0829-32-5163

◇世界遺産の概要

遺産区域は、厳島神社の社殿と前面の海および背後の弥山原始林（天然記念物）を含む森林の区域431.2ヘクタール。

緩衝地帯は、厳島全島及び「宮島町字長浜小名切り突角より同町大字大西町水晶山北部突角を見通す線内の海面」範囲から遺産区域を除いた地域。

◇世界遺産の現状

全島が特別史跡及び特別名勝に指定されている宮島は、平成17年11月3日に廿日市市と合併した。廿日市市では、旧宮島町時代からの文化財保護行政を引き継ぎ、現状変更許可事務と国指定文化財である厳島神社社殿等の保存修理・管理事業への補助業務を行っている。

また、本市観光の拠点と位置づけ、平成18年12月は遺産登録10周年にあたり、シンポジウム、平家納経の展示会等を関係機関と協力して実施した。

◇問題点

世界規模での環境破壊、特に温暖化が大きな問題であり、広島湾の海面水位の上昇等も指摘され、この影響で厳島神社廻廊が満潮時、高潮時に海水に浸かり、参拝を一時中止しなければならない状況が近年は頻繁に発生している。

◇課題

宮島島内だけでなく、世界遺産に相応しい周辺景観をいかに保全するかが課題である。

Ⅱ　世界文化遺産
暫定一覧表記載資産

Ⅱ－1　平泉－浄土思想を基調とする文化的景観－（岩手）2001年記載●　164
Ⅱ－2　古都鎌倉の寺院・神社ほか（神奈川）1992年記載●○　165
Ⅱ－3　彦根城（滋賀）1992年記載●　174
・　富岡製糸場と絹産業遺跡群（群馬）2007年記載
・　国立西洋美術館本館（東京）2007年記載
Ⅱ－4　小笠原諸島（東京）2007年記載●　175
Ⅱ－5　富士山（静岡、山梨）2007年記載●　176
・　飛鳥・藤原の宮都とその関連遺産群（奈良）2007年記載
Ⅱ－6　長崎の教会群とキリスト教関連遺産（長崎）●○ 2007年記載　177

○はパネリストの地域、●は今回寄稿いただいた地域

Ⅱ-1　平泉―浄土思想を基調とする文化的景観―

◇世界遺産登録候補名称

平泉―浄土思想を基調とする文化的景観―
（当市の骨寺村荘園遺跡の“世界遺産候補地の構成資産としての名称”は「骨寺村荘園遺跡と農村景観」）

◇団体の名称　一関市

◇団体の所在地　〒021-8501
岩手県一関市竹山町7番2号

◇代表者名　一関市長　浅井　東兵衛

◇連絡先

TEL　0191-21-2111
FAX　0191-21-2164
E-mail　shogai@city.ichinoseki.iwate.jp

◇世界遺産候補地の概要

「骨寺村荘園遺跡と農村景観」は一関市中心部から西方へ約19ｋｍの山間部に位置する。ここは、12世紀に自然地形を生かして中尊寺（平泉町）の経蔵別当領として開発された荘園遺跡と、それらが700年にもわたって継承されてきた現代の農村景観である。

一関市の本寺地区は、かつて“骨寺村”と呼ばれ、現存する14世紀頃の絵図に描かれた中世の荘園景観や、中世以来の水田を基本とする土地利用の形態が、現在まで発展的に継承されてきた。地区内に所在する宗教関連施設のいくつかは、絵図に示す当時の施設との照合が可能であり、現在においても地域住民にとっての信仰の対象となっている。

◇問題点

史跡や重要文化的景観としての価値を正しく理解し保存していくために、今後も十分な調査を進める必要がある。調査研究の成果は、今後の整備に生かすとともに、広く情報発信したいと考えているが、そのためにも調査体制の整備や調査研究機能を高めることが必要である。

また、不整形で小区画の水田と直線的な区画の水田が混在する状況は、水田の開発が重層的に行われてきたことを示すものである。このため、昔ながらの水田や畦畔、用排水路などについては、その形態や仕組みを維持、修復し、農地を継承していきたいと考えているが、農業従事者の減少や高齢化が進む中で、不整形な水田区画を維持することなどは難しいものがある。さらに、農業が中心であった本寺地区に、世界遺産登録に伴い、観光客の増加が予想されるが、現時点では対応が難しい状況である。

◇課題と方針

本寺地区は、絵図に描かれた中世の世界を現地で体感できる貴重な場所であることから、この景観を守っていくことが課題である。しかしその一方で、この地区に暮らす住民が、この地で農業を継続していくためにはある程度の農地整備も必要である。そのため、本寺地区では、将来にわたって営農を継続するために必要とされる景観保全型の農地整備事業が計画されている。当該事業については、文化庁のほか、専門家や有識者から成る委員会での指導助言を踏まえ、地元住民との充分な協議のうえ進めることとしている。また、これまで観光客がほとんど訪れることが無かったこの地区に、世界遺産により、観光客の増加が予想されることから、適切な遺跡の紹介と景観を保護するための整備や方策などについて検討が必要と考えている。

Ⅱ-2　古都鎌倉の寺院・神社ほか

◇世界遺産登録候補名称

武家の古都・鎌倉

◇団体の名称　鎌倉市

◇団体の所在地　〒268-8686　神奈川県
鎌倉市御成町18番10号

◇代表者　鎌倉市長　石渡　徳一

◇連絡先

TEL　0467-23-3000

FAX　0467-23-1085

E-mail sekaiisan@city.kamakura.kanagawa.jp

◇世界遺産候補地の概要

鎌倉の歴史遺産の世界遺産登録に対する考え方（鎌倉市歴史遺産検討委員会
中間報告「武家の古都・鎌倉」）より

◇普遍的価値

・鎌倉は武家がはじめて自ら造った政権都市であり、古代都市とは異なる地理的環境や地形に応じた特徴ある武家の首都である。

・武家はこの鎌倉で将軍を中心とした独自の政治機構と法を整え、モンゴルの襲来を退け、700年におよぶ武家政権の基礎を築いた。

・鎌倉に成立した武家政権は、禅宗をはじめとする南宋文化を積極的に導入して独自の文化を形成した。これにより武家の精神や信仰が高まり、以後の日本人の価値観や行動様式に大きな影響をあたえた。

・武家の文化は日本文化の発展に極めて重要な役割を果たし、鎌倉は東アジア中世の特色ある都市となった。

・鎌倉に育った武家による社会の仕組みや文化は、武家政権の消滅後も日本人の精神や文化のよりどころとして現在まで引き継がれている。

◇概要

（1）武家による独自の都市構造

①政権の所在地としての位置付け

武家の文化を伝える政権都市の遺産は鎌倉だけ

②都市鎌倉の整備

・地形に応じた独自の都市構造をもつ武家政権の首都

・都市の中心としての『鶴岡八幡宮』、都市の基軸線となった『若宮大路』

・「切通」など交通路の支配と防御の拠点

③信仰と空間

・御所周辺の『鶴岡八幡宮』、『荏柄天神社』、『永福寺』、『法華堂』（源頼朝墓）などによる独自の信仰の空間

・谷の大規模な造成による人工地形に南宋寺院の境内構成が取り入れられ建立された寺院（特に『建長寺』、『円覚寺』など大禅宗寺院はその典型であり、その建築は禅宗様（唐様）と呼ばれる様式として日本における木造建造物の二大様式の一つとなった）

・守護仏として独自かつ高度な技法により鋳造された『大仏』

・「切岸」に造営された武家や僧侶の墳墓堂を岩窟内に表現した「やぐら」

・「切岸」の下の岸壁を背景とする独自の景観を持つ庭園

④都市周縁部

・沿岸海上交通の拠点となった『和賀江嶋』

（２）鎌倉の武家社会・文化

①政治

・現代に連なる武家独自の法である御成敗式目（貞永式目）の制定

・二度にわたるモンゴルの撃退とこれによる日本の国家的・民族的な一体感の形成

②経済

・武士の日本支配による貨幣経済の広がりなど、日本における経済的発展の準備

③宗教と文化

・禅宗・浄土宗・律宗・日蓮宗などの仏教の宗派の隆盛

・特に禅宗による日本文化の新たな発展

◇これまでの活動経過

平成４　世界遺産条約批准。暫定リストに「古都鎌倉の寺院・神社ほか」が含まれる

平成８　鎌倉市総合計画に世界遺産登録を位置付ける

平成９～11　学術調査の取り組み（七切通の詳細分布調査）

平成10　神奈川県と共同で「古都鎌倉の世界遺産登録検討連絡会議」発足
神奈川県議会「古都鎌倉の世界遺産登録実現に関する決議」
「鎌倉の世界遺産登録を目指す市民の会」発足

平成12　神奈川県と共同で山稜部の発掘調査実施
鎌倉大仏殿跡の発掘調査（第１次）
鎌倉市教育委員会文化財課に「世界遺産登録推進担当」の係を新設

平成13　鎌倉大仏殿跡の発掘調査（第２次）
登録に向けた考え方の検討のため「鎌倉市歴史遺産検討委員会」設置
「世界遺産登録推進担当」を課相当とする

平成14　仏法寺跡の発掘調査
「鎌倉市歴史遺産検討委員会」で登録に向けた考え方を検討

平成15　鎌倉大仏殿跡の史跡指定⇒平成16.2.27官報告示
「鎌倉市歴史遺産検討委員会」で登録に向けた考え方のまとめと候補遺産の検討

平成16　５月11日、「鎌倉市歴史遺産検討委員会」から「鎌倉の世界遺産登録に向けた考え方」が中間報告として提出される
「武家の古都・鎌倉」リーフレット発行、HP開設、パネル展示
世界遺産登録推進担当を市長部局へ移し、担当部長配置
・推進体制強化（7名体制、県から２名の人的支援）
荏柄天神社境内の史跡指定
⇒H17.7.14官報告示
史跡鶴岡八幡宮境内の追加指定
⇒H17.8.29官報告示
荏柄天神社本殿・建長寺山門・法堂の重要文化財指定
⇒H17.7.22官報告示
史跡建長寺境内の保存管理計画策定着手

平成17　北条義時法華堂跡発掘調査
仏法寺跡の史跡指定⇒官報告示
北条義時法華堂跡の法華堂跡への追加指定⇒官報告示
史跡和賀江嶋の追加指定
⇒H18.1.26官報告示

史跡若宮大路の追加指定
⇒H18.1.26官報告示
史跡建長寺境内の保存管理計画策定
史跡和賀江嶋の保存管理計画策定
史跡若宮大路の保存管理計画策定
史跡覚園寺境内の保存管理計画策定着手
史跡荏柄天神社境内・法華堂跡の保存管理計画策定着手
史跡瑞泉寺境内・名勝瑞泉寺庭園の保存管理計画策定着手
史跡北条氏常盤亭跡の保存管理計画策定着手
シンポジウム「現代に生きる鎌倉文化」
⇒鎌倉の世界遺産登録を目指す市民の会と共催
「鎌倉の世界遺産登録に関する市民の準備会」の開催
⇒「鎌倉の世界遺産登録に関する提言」 H17.11.
「鎌倉市歴史遺産検討委員会」で候補遺産について検討
推進体制強化（11名体制　県から2名の人的支援継続）

平成18　一升枡遺跡の史跡指定⇒H18.8申請
冷泉為相墓（浄光明寺境内）の追加指定⇒H18.8申請
朝夷奈切通の追加指定申請⇒H19.1予定
仮粧坂の追加指定申請⇒H19.1予定
建長寺の追加指定申請⇒H19.1予定
史跡覚園寺境内の保存管理計画策定（中）

平成18　史跡荏柄天神社境内・法華堂跡の保存管理計画策定（中）
史跡瑞泉寺境内・名勝瑞泉寺庭園の保存管理計画策定（中）
史跡北条氏常盤亭跡の保存管理計画策定（中）
５切通の保存管理計画策定着手
「武家の古都・鎌倉」新リーフレット発行
「武家の古都・鎌倉」ポスター展の開催（神奈川県と共催）
「鎌倉世界遺産登録推進協議会」（会長養老孟司）⇒H18.7.24設立
鎌倉市世界遺産登録推進本部会議（本部長　市長）⇒H18.5.26設置

◇歴史的遺産の保全の経緯と問題点

1　鎌倉市の都市変遷の概要

鎌倉は治承４（1180）年、反乱軍を率いて鎌倉に入った源頼朝が館を構えて、東国政権の政権所在地として歩み始めるが、承久の乱（1221）に鎌倉幕府軍が朝廷軍を破って朝廷の上に立ち、政権の二重構造の中で一方の政権所在地として都市基盤を整備していった。

元弘３（1333）年の鎌倉幕府滅亡後も東国支配の拠点である鎌倉府が置かれ都市として栄えた。しかし室町幕府と対立し、永享の乱（永享９～11年1437～9）、康正の乱（康正元年1455）で幕府軍に攻められ、荒廃した。その後、復興する暇もなく康正元年鎌倉の主で東国の政権担当者であった足利成氏が下総古河へ去り、文明元年（1477）関東管領上杉房顕が上野に去ると衰微し、若干の門前町と農漁村へと変化した。

江戸時代には江戸幕府が武家政権の由緒の地として直轄領とし、中世からの都市の枠組みを大きく損なうことなく保護した為、寺社の復興が行われると共に鎌倉時代からの武家の政権都市の骨格が保存されたが、明治政府による神仏分離・廃仏毀釈により寺社の荒廃を進めることとなった。

鎌倉が都市として再生されたのは明治時代中期以降で、明治22（1889）年、横須賀線が開通したことにより町が急速に発展し、貴族・外交官・財界人・海軍軍人・文人等の別荘・居宅などが建てられ、それまでの住民とは異なった人々の生活の場となった。しかし大正12（1923）年の関東大震災で壊滅的な被害を受けた。このため現在の市街地は震災の復興後の姿を基礎としている。

昭和30年代以降急激に都市化が進んだが、周辺山稜部は樹林地が保存されている。

このため、鎌倉には中世の政権都市の骨格を示す土地の区画や道路・寺社などは存在するものの、中世や近世から続く町並みは存在しない。又寺社については廃仏毀釈・関東大震災・農地解放による近代以降の被害から復興の途上にある。

2　市域の規模など

ア　市域　39.53 k m²（全域都市計画区域）

・人口　172,877人（平成19年1月1日現在）
・市街化区域　約2569ha（65.0%）（うち第一種低層住居専用地域　1294 ha、50.4%）
・市街化調整区域　約1384 ha（35.0%）

イ　地理的特性

・三方を山一方を海に面する鎌倉地区（歴史的遺産が集中）
・沖積地を中心とする大船・深沢地区
・海浜に面し山が迫った腰越地区
・数多くの谷戸地形と切通による交通
・中世から変わらない都市構造

ウ　土地利用状況の変化

・明治期…横須賀線の開通、別荘地としての発展、海水浴適地
・昭和30年以降…住宅の開発・造成と人口増
・昭和41年以降…古都保存法による山稜部の開発凍結
・現　在…住宅地の細分化・マンション開発（東京近郊への通勤者のベッドタウン）

3　歴史的遺産・景観の保全

ア　古都に於ける歴史的風土の保全に関する特別措置法（古都保存法）の制定

（昭和41年制定、42年施行）

鶴岡八幡宮裏山（御谷）の宅地造成反対運動を契機に制定

⇒日本最初のトラスト運動へ……財団法人鎌倉風致保存会の設立→緑地の買上げ

歴史的風土保存区域　約989ha（逗子市分6.8haを含む）（うち歴史的風土特別保存地区　13地区約573.6ha）

鎌倉の枢要な緑地保全に大きく貢献

イ　国指定史跡の指定・追加指定（昭和42年以降）

古都保存法制定を契機に鎌倉五山・鶴岡八幡宮などを指定

⇒中世史と地域史・考古学などの研究の進展に伴い新指定・追加指定を実施

※幕府跡・政所跡・足利公方邸跡・関東管領屋敷跡などは市街化

⇒未指定

ウ　国指定重要文化財（建造物）の指定（昭和42年以降）

鎌倉の歴史的建造物を指定

鶴岡八幡宮末社丸山稲荷社本殿

⇒解体修理工事などに伴う調査報告により重要文化財指定

鶴岡八幡宮摂社若宮・鶴岡八幡宮上宮（本殿・幣殿・拝殿・末社武内社本殿・回廊）・荏柄天神社本殿・建長寺山門・建長寺法堂

※鎌倉大工の再評価・独自の技術

（河内家文書…鎌倉大工の技術書）

エ　風致地区（昭和13年指定、昭和45年神奈川県条例の制定）

鎌倉風致地区　約2194haを指定（市域の約55.5％）

昭和59年、県から許可権限委譲

⇒地区内（15m規制）を8m以下で、行政指導

地区外（鎌倉駅周辺の中心市街地）を15m以下で行政指導

⇒風致地区種別の変更（平成14年4月改正）

従来の2種別が4種別となり、3種別に細分

…建物高さを15m、10m、8mに区分（ほとんどの区域が8m地区に）

オ　開発事業等における手続き及び基準条例の制定

宅地開発等指導要綱（昭和43年）

→開発事業指導要綱（昭和57年）

…建築、開発行政の事務委任（昭和57年）

まちづくり条例（平成7年）

…開発許可の基準条例（平成14年）＋地方自治法に基づく自治条例（平成14年）

斜面地建築物（風致地区内・第一種低層住居専用地域）の規制等

課題⇔斜面地建物の第一種中高層住居専用地域に対する対応

⇔寺社境内（歴史的遺産の復興）に適用することの問題点

◇課題と方針

1　古都保存法制定と樹林管理

鎌倉では、従来崖の上には木を生やさず、樹林も20年に一度伐採を行い、萌芽更新を行っていた。元来、古都保存法では樹林の管理は禁止されていないが、古都保存法制定以降、裏山の枝降ろしをしていて警察に通報されるというエピソードまで存在するほど木を切ることに対するアレルギーが浸透し、燃料・肥料革命とあいまって植林・里山の放置となり、森林の荒廃が顕著に見られるようになった。

このため、近年では山崩れが多発している。これは鎌倉の山が第四紀層の軟岩からできており、もともと急峻な山稜であったことや、中世の宅地・寺院造成などにより人工的に谷戸と山稜を開削・造成してできた土地が多くあり、このため住宅地や寺院境内の周囲は軟岩による垂直の崖（切岸）が存在していること、さらに岩盤上に堆積した1m程の軟らかな土砂に樹木が植生したこと等による。

鎌倉の歴史的風土は人工的な地形からなっている。このため、森林の荒廃は歴史的遺産（遺構）の損壊に直結する事となっている。近年鎌倉地区では都市化が進んだ結果、切岸に近接して住宅が建てられる状況にあり、防災工事への要望が高く、急傾斜地指定が行われている。防災工事においては「やぐら」と呼ばれる鎌倉地方に特徴的な中世墳墓（岩窟寺院）や切岸の緊急発掘調査が実施され、記録保存が行われてはいるが、歴史的風土や遺産に配慮した工法の検討が課題となっている。

鎌倉の場合、樹林放置による生育過多は根により崖に亀裂を生じさせ、元来保持力の弱い急傾斜地であるため、大風が吹くと樹木が倒壊して崖崩れを発生させる。また本来表層が無かった急傾斜地に落ち葉により多量の腐植土を発生させ、大雨の場合は土砂崩れを発生させる原因となる。また倒壊したまま放置された樹木は土石流を発生させる危険性がある。こうした樹林

の放置からくる崖崩れの危険性と歴史的遺産の損壊の危険性を回避するため、早急に樹林の管理を行う必要があるが、山林所有者の理解とともに理論的裏付けと関係する法令を所管する各セクションとの合意形成が必要となっていた。このため世界遺産登録の準備として行っている「史跡保存管理計画」のなかでその取り扱いについて協議を行った結果、伐採を含めた管理を積極的に行っていく必要があるとの認識で基本的合意に達することができた。

しかし森林は通常の管理が容易に行える状態ではなく、古都保存法制定40周年を迎えた現在、今後も史跡の管理に占める樹林管理の経費負担が課題となることが予想される。

2　寺院復興と都市計画法

鎌倉の寺社は前述したとおり現在復興期にあり、歴史的建造物の修理や境内整備事業等が行われている。こうした中で宗教法人側からは、本来寺社の保護に資すると考えられた文化財保護法・古都保存法・都市計画法の市街化調整区域・まちづくり条例などの諸法令・制度が復興の足枷となっているとの意見が出ている。これは許認可に時間がかかりすぎるとの批判と共に、古都保存法では施行時（昭和42年）が基準となるため、施行時には考慮されていなかった歴史的建物を復興する際に土地の形質変更が生じた場合などに非常な困難が伴っているためである。また寺院境内は市街化調整区域となっていることが多いため、一定の許可行為が必要となる場合が生じていることによる。こうした事態は制度制定時には想定されておらず、森林の管理と共に大きな課題となっている。歴史的遺産を都市計画上の位置づけを行って保護していこうとする世界遺産という大きな取組みは、こうした状況を解決する視点を提供してくれると期待している。

3　市民意識と市民活動

鎌倉には世界遺産条約批准以前から世界遺産に関する市民運動を行っている市民団体が存在し、また歴史的遺産の保全などを行っている様々な団体がある。こうした鎌倉の世界遺産登録を目指す市民団体が集まり、「鎌倉の世界遺産登録を目指す市民の会」が設立されており、連続シンポジウムを開催するなど世界遺産登録に向けた地道な活動を続けている。

鎌倉の世界遺産登録に対する市民意識は詳細な調査を行っていないが、シンポジウムでの意見や市への直接的な意見から見ると、鎌倉が日本の歴史に占める位置は非常に高く、登録されるべきという積極的賛成の意見がある一方、歴史的都市といいながら町が汚い、町をきれいにしてから登録すべきといった世界遺産の趣旨とは異なった理由からの時期尚早論、あるいは鎌倉には鎌倉時代のものは何も残っていない、登録されるものは何もないといった懐疑論が存在する。また規制強化になるので反対といった意見もある。時期尚早論・懐疑論いずれも行政側の説明不足と考えており、丁寧に説明をしていけば理解が得られていると考えている。また市民の間では石見銀山遺跡や平泉の登録申請は鎌倉の歴史的遺産の再評価につながり、鎌倉の世界遺産登録に弾みがついた観がある。

規制強化ととらえる問題には二面あると考えている。一面は現在の規制に対する不満であり、これには鎌倉の環境を守るため享受すべき規制であるとのもう一方の意見もある。もう一面は寺社の復興に当たっての不安感であるが、史跡の管理計画に復興をきちっと位置づけることで解決できると考えている。

市民の意見を集約するため、平成17年度に市民の呼びかけにより「鎌倉の世界遺産登録に関する市民の準備会」が開催され、11月に提言がなされた。これを踏まえて市内のさまざまな団体に参加を呼びかけ、平成18年7月24日に「鎌倉世界遺産登録推進協議会」の設立総会が開催され、養老孟司氏を会長に選任し設立された。現在登録推進事業部会と広報部会が存在し、活動を始めている。協議会の成立を契機として、世界遺産登録に対する市民の合意は一定程度進んだと考えられる。

歴史的風土特別保存地区・国指定史跡の樹林管理については財団法人鎌倉風致保存会がボランティア活動を実施している。森林インストラクターによる現地指導により、下草刈り・倒木処理・枝降ろしなどの作業を月2回程実施している。市民への樹林管理の必要性を訴えると共に中学生・高校生には授業や課外活動などを通じて体験実習を行い、活動の輪を広げている。

4 バッファゾーンの確保とまちづくり

前述したとおり鎌倉市域の55.5%が風致地区、風致地区内に含まれるが、24.8%が歴史的風土保存区域、14.5%が歴史的風土特別保存地区である。鎌倉の歴史的遺産の大部分はこの区域に含まれている。風致地区と古都保存法の歴史的風土特別保存地区は許可制の制度であり、同一地区に重複して制定されている。このため、建築物の高さ・区画の変更などの規制が可能であり、バッファゾーンの制度的要件を満たしている。また沖積地の大部分が第一種低層住居専用地域であり、建物の高さ制限がある。このため、バッファゾーンの設定に当たって多くの区域は新たな制度の導入は不要と考えている。しかし鎌倉の中心市街地である史跡若宮大路の周辺は商業地域・近隣商業地域、北鎌倉駅周辺は近隣商業地域・第一種中高層住居専用地域、常盤地区も第一種中高層住居専用地域となっているため、この部分について新たな制度導入が必要である。先に述べたとおり、鎌倉市では鎌倉地区・山ノ内地区において建築物の高さを15mで行政指導してきたが、これを制度化する必要があり、鎌倉地区では景観法による景観地区指定、山ノ内地区においては景観法による景観地区指定・高度地区指定、常盤地区については高度地区指定を目指して現在準備を進めている。

鎌倉のまち並みは前述したとおり、関東大震災の復興後の姿を基本としているが、昭和40年代以降急激な都市化が進んでおり、統一したまち並みは存在しない。従って統一したまちのイメージは存在しない。しかしまち並みの所々には古い洋館など、まち並み景観を特徴付ける建物が存在する。こうした建築物等を今後ともまちの景観形成に生かし、より良いまち並み景観を創造していくため、鎌倉市都市景観条例で景観重要建築物等に指定して保存・活用の支援を図っている。現在26件の指定が行われており、この制度を補完するため国の登録有形文化財への登録を進めている。

◇おわりに

鎌倉市では神奈川県等と協力し、平成19年度末までに地元としての準備を終了させ、推薦書原案を国に提出したいと考えている。史跡の追加指定・史跡保存管理計画や建造物保存活用計画の策定・推薦書原案の作成・バッファゾーンの確保・市民との協働・啓発活動の実施など、課せられた課題は多い。時間が乏しい中であるが、鎌倉の歴史に果たした役割を思い、全力を挙げて推薦に向けて取り組んで行きたい。

○世界遺産候補地の現状

番号	名　称	所在地	概　　要	コンセプト上の位置付け
1	鶴岡八幡宮	鎌倉市	・源氏の宗廟、武家政権の鎮護として創建され、都市の中心となった神社。武家の守護神として、全国に信仰が広がる。	・独自の都市構造 都市の中心と基軸線 信仰と空間 ・武家の文化
2	若宮大路	鎌倉市	・都市の基軸線となった、由比ガ浜と南北に結ぶ八幡宮の参道。	・独自の都市構造 都市の中心と基軸線
3	和賀江嶋	鎌倉市 逗子市	・沿岸海上交通の拠点となった、現存する最古の築港遺跡。	・独自の都市構造 交通路の支配と整備
4	荏柄天神社	鎌倉市	・武士の誓約に関わり、武門の神として崇められた神社。	・独自の都市構造 信仰と空間 ・武家の文化
5	永福寺跡	鎌倉市	・奥州藤原氏を滅ぼした際の戦死者の鎮魂を祈って源頼朝が建立した。 ・大倉御所の鬼門として建立された中世東国を代表する寺院跡。	・独自の都市構造 信仰と空間 ・武家の文化
6	法華堂跡	鎌倉市	・武家政権を開いた源頼朝の墓所と第二代執権北条義時の墓所	・独自の都市構造 信仰と空間 ・武家の文化
7	鎌倉大仏	鎌倉市	・東国政権鎮護のために創建された大仏を本尊とする寺院跡。	・独自の都市構造 信仰と空間 ・武家の文化
8	建長寺	鎌倉市	・興国の道場として創建された。 ・禅宗様伽藍配置のわが国最初の大禅宗寺院。 ・仏殿と同じ構造に造られた、彩色をもつ朱垂木やぐら群。	・独自の都市構造 谷戸開発の地形・景観 大禅宗寺院 ・武家の文化
9	円覚寺	鎌倉市	・モンゴルとの二度の合戦でのすべての戦死者を弔って創建された。 ・禅宗様伽藍配置の大禅宗寺院。	・独自の都市構造 谷戸開発の地形・景観 大禅宗寺院 ・武家の文化
10	名越切通	鎌倉市 逗子市	・六浦・三浦との交通路の支配と防御の拠点となった山の稜線を掘り下げた道路と大切岸。	・独自の都市構造 交通支配と整備 谷戸開発の地形・景観
11	朝夷奈切通	鎌倉市 横浜市	・六浦（東京湾）との交通路の支配と防御の拠点となった山の稜線を掘り下げた道路。 ・鎌倉幕府が開削。	・独自の都市構造 交通支配と整備 谷戸開発の地形・景観

12	仮粧坂	鎌倉市	・京（西日本）、南関東地方、両方の交通路の要衝である山の稜線を通過する道路。 ・地獄の様相を示す壁面彫刻や地蔵坐像等を伴うやぐら群。（瓜ヶ谷やぐら群）	・独自の都市構造 交通支配と整備 谷戸開発の地形・景観
13	大仏切通	鎌倉市	・京（西日本）、南関東との交通路の支配と防御の拠点となった山の稜線を掘り下げた道路。	・独自の都市構造 交通支配と整備 谷戸開発の地形・景観
14	亀ヶ谷坂	鎌倉市	・南関東地方との交通路の支配と防御の拠点となった山の稜線を掘り下げた道路。	・独自の都市構造 交通支配と整備 谷戸開発の地形・景観
15	覚園寺	鎌倉市	・北条義時草創・貞時創建になる泉涌寺派律宗の鎌倉における拠点寺院。 ・鎌倉における宝筺印塔文化の拠点 ・北条得宗家・足利公方家の祈祷寺（百八やぐら）	・独自の都市構造 谷戸開発の地形・景観 ・武家の文化
16	瑞泉寺	鎌倉市	・臨済宗夢窓派の拠点寺院。 ・夢窓疎石による自然景観と人工美を活かした独自の景観をもつ禅宗庭園。	・独自の都市構造 谷戸開発の地形・景観 ・武家の文化
17	北条氏常盤亭跡	鎌倉市	・大仏坂の支配と防御の拠点となった北条氏一族の館と寺院群 ・谷戸を造営した館の代表	・独自の都市構造 交通路の支配と整備 谷戸開発の地形・景観 ・武家の文化
18	浄光明寺	鎌倉市	・第六代執権北条長時創建の鎌倉における四宗兼学の中心的道場。 ・浄光明寺敷地絵図に描かれた境内地の様相をよく残す。 ・藤原定家の孫、阿仏尼の子で、歌学の冷泉家の家筋をおこした冷泉為相の墓所と伝える。	・独自の都市構造 交通路の支配と整備 谷戸開発の地形・景観 ・武家の文化
19	仏法寺跡	鎌倉市	・忍性が開いた極楽寺の末寺のひとつで請雨祈祷が行なわれた。 ・北条氏による海上交通・陸上交通の支配の拠点となった寺院の跡。 ・鎌倉攻めの戦闘が行われた陸上・海上交通の要衝。	・独自の都市構造 交通路の支配と整備 ・武家の文化
20	東勝寺跡	鎌倉市	・得宗館背後に建てられた北条氏得宗家の氏寺 ・北条氏（鎌倉幕府）滅亡の地 ・武士の死生観を表す寺院 ・谷戸を造成した寺院	・独自の都市構造 谷戸開発の地形・景観 ・武家の文化

※候補遺産は平成18年12月までの状況。平成19年10月現在、寿福寺・極楽寺・称名寺・一升桝遺跡を加え候補遺産は24件。

Ⅱ-3　彦根城

◇世界遺産登録候補名称

彦根城（平成4年暫定一覧表記載）

◇団体の名称　彦根市

◇団体の所在地　滋賀県彦根市

◇代表者　彦根市長　獅山　向洋

◇連絡先　〒522-8501　彦根市元町4番2号

彦根市企画振興部 企画課

（世界遺産登録推進担当）

TEL　0749-30-6101

FAX　0749-22-1398

E-mail　kikaku@ma.city.hikone.shiga.jp

◇世界遺産候補地の概要

彦根城は、慶長9（1604）年から約20年の歳月をかけて彦根山とその周囲に築かれた。山頂の本丸には3階3重の天守がそびえ、その前後には鐘の丸・太鼓丸・西の丸が広がり、各種の櫓が天守を守備するように構築されている。また、太鼓丸と西の丸の端には大堀切があり、山の斜面には全国的にも珍しい登り石垣が築かれており、それらが櫓や門・石垣などとも巧妙に連結して発達した軍事的防衛施設を形成している。こうした城本来の防衛施設とともに、山下には藩庁の機能をもった上屋敷（表御殿）や2つの下屋敷（玄宮楽々園・松原御殿）など城主の居館施設が良好な形で現存・復元されている。防衛にさまざまな工夫を凝らした城郭建築、書院をはじめ能舞台や茶室・庭園などで構成される御殿建築など、日本の伝統技術・伝統文化の粋が随所に認められ、日本の大名文化を明瞭な形で残している。

一方、彦根城下は3重の堀によって4つに区画された城下町の町割りが良好な姿を留めており、武士・足軽・町人・商人などの階層や魚屋・桶屋・職人などの職種による分化配置が見られ、処々に階層や職種によって異なる特有の建造物が現存している。

このように小高い山の自然地形を巧みに活かした彦根城と、琵琶湖に連接する3重の堀によって計画的に造られた城下町が、文化的な景観として良好な形で今日まで伝えられており、総構えと称される日本の城郭構造の全容を知ることができる。

◇問題点

同種遺産として姫路城が既に世界遺産に登録されており、彦根城単体での登録は困難である。登録に向けた新たな視点でのコンセプトの構築が不可欠である。

◇課題と方針

①登録に向けた新たなコンセプトの構築。

②登録に向けた体制の整備。

③彦根城や城下町などに残る指定文化財の修理と保全に今後とも努めるとともに、資産価値を高めるために新たな文化財指定を積極的に進める。

④新たな資産価値を創出するために、彦根城や城下町などの学術調査・研究に努力を傾注する。

⑤登録に向け滋賀県との役割分担と連携強化を図る。

Ⅱ-4　小笠原諸島

◇世界遺産登録候補名称

小笠原諸島

◇団体の名称　東京都小笠原村

◇団体の所在地

東京都小笠原村父島字西町

◇代表者名

東京都小笠原村村長　森下　一男

◇連絡先

東京都小笠原村総務課企画政策室

副参事　岩本誠

TEL　04998-2-3111

FAX　04998-2-3222

E-mail　m_iwamoto@vill.ogasawara.tokyo.jp

◇世界遺産候補地の概要

小笠原諸島は、日本列島南方の北西太平洋に位置し、南北約400kmにわたって散在する島々の総称で、父島、母島、聟島の３列島からなる小笠原群島、火山（硫黄）列島及び周辺孤立島からなり、日本列島から約1000km、マリアナ諸島から約550km離れており、どの島も成立以来大陸と陸続きになったことがない海洋島である。

面積は、最大の島である父島でも約24km^{2}しかなく、大半は10km^{2}以下の無人島で、最大標高は南硫黄島の916mである。父島での年平均気温23.0℃、冬期間でも平均気温は18.7℃であり、年間を通じて温暖である。年間降水量は1280mmで、5月と11月に多い傾向になっている。

小笠原諸島には1830年まで定住者はおらず、「無人島（ボニン・アイランド）」と呼ばれていた。近年まで無人島であったために海洋島の生態系が良く保存されている。現在は、父島、母島の２島で2,400人が生活しており、独特の島の生態系や美しい海に魅せられて年間約20,000人の観光客が訪れる。

小笠原群島は約4800～4400万年前に形成された島弧火山であり、海洋プレートの沈み込み帯における島弧火山の形成過程の初期段階の記録を陸上で見ることができる世界で唯一の場所である。一方の火山列島は現在形成途中の段階であり、この地域での研究から海洋性島弧が大陸の起源であるとする考え方が生まれた。

また、小笠原諸島の生物は種の起源が多様であり、独自の進化の過程で、多くの固有種を生み出したばかりか、その多くが絶滅を免れ現存し、今なお進行中の進化の過程を見ることができる。特に、乾性低木林には多くの固有種・希少種が生育・生息しており、種の多様性に富んでいる。また、小笠原諸島は亜熱帯性の海鳥類の重要な繁殖地ともなっている。

Ⅱ-5　富士山

◇世界遺産登録候補名称　富士山

◇団体の名称　富士山世界文化遺産
登録推進両県合同会議
http://www.fujisan-3776.jp

◇団体の所在地
静岡県静岡市葵区追手町9番6号
（静岡県庁内）
山梨県甲府市丸の内1丁目6番1号
（山梨県庁内）

◇代表者名　富士山世界文化遺産
登録推進両県合同会議会長

◇連絡先　富士山世界文化遺産登録推進
両県合同会議事務局
（静岡県県民部世界遺産推進室）
TEL　054-221-3747
FAX　054-221-2980
E-mail　sekai@pref.shizuoka.lg.jp
（山梨県企画部世界遺産推進課）
TEL　055-223-1316
FAX　055-223-1781
E-mail　sekaiisan-sn@pref.yamanashi.lg.jp

◇世界遺産候補地の概要

富士山は、日本列島の中央部に位置していることから、古くから周辺を多くの人々が頻繁に行き来していた。古来、人々は、富士山の圧倒的な存在感から神聖さと崇高で畏敬の念を起こさせる壮大な美を感じ、多様な信仰の場として崇拝してきた。

また、広大な裾野から立ち上がる雄大なその姿は、創造的な優れた芸術作品を生む母体として多くの人々に愛され続けている。さらに、広大な裾野では、人為的な管理が行われた草原等の自然を活かした土地利用がみられ、自然と人間の共生を継承してきている。

富士山は麓から山頂に向かい、俗界を表す「草山」、俗界から神の世界への過渡部分である森林限界までの「木山」、火山礫で覆われた山頂までの神仏の世界であると共に、死の世界を意味する「焼山」に区分されている。富士登拝とは、俗界から死の世界を往復することによって、この世の罪と穢れを消すことを意味した。

このような独特の信仰登山の様式は、今日においても形態を変えながらなお命脈を保っており、毎年7月8月の夏季を中心として多くの登山者が訪れている。また、現在でも登山道周辺には信仰に係わる祠、石碑、各種の祭礼などがみられる。

一方で富士山は、雄大な独立峰としての山体の美しさ、噴火や山頂に見られる積雪等の俗世間から超絶した風景に加え、三保松原などに代表される展望地が多々あることにより、古くから多くの芸術作品を生む母体ともなってきた。

このように富士山は、自然崇拝に端を発し、仏教や修験道の影響の下に日本人の精神活動において欠くことのできない場であるとともに、芸術を育む母体としても重要な役割を果たし、自然と人間との独特の関係を築き上げてきた。さらに、富士山は人々の精神的拠り所となり、外国にも日本の象徴と認識されるようなかけがえのない唯一の存在として、今日も生き続けている希有な文化的景観である。

◇問題点及び課題と方針

地元や関係者等の理解を得ながら、世界遺産登録を目指した取り組みを行う。

Ⅱ-6　長崎の教会群とキリスト教関連遺産

◇世界遺産登録候補名称

長崎の教会群とキリスト教関連遺産

◇団体の名称

長崎県、長崎市、佐世保市、平戸市、五島市、南島原市、小値賀町、新上五島町

◇団体の所在地、代表者名、連絡先

●長崎県

長崎市江戸町2-13　知事　金子　原二郎

世界遺産登録推進室　TEL 095-894-3386

FAX 095-824-1344

E-MAIL：s40080@pref.nagasaki.lg.jp

●長崎市

長崎市桜町2-22　市長　田上　富久

総合企画室　TEL 095-829-1111

FAX 095-829-1112

E-MAIL：kikaku@city.nagasaki.lg.jp

●佐世保市

佐世保市八幡町1-20　市長　朝長　則男

社会教育課　TEL 0956-24-1145

FAX 0956-25-9682

E-MAIL：syakai@city.sasebo.lg.jp

●平戸市

平戸市岩の上町1508-3　市長　白濱　信

文化振興課　TEL 0950-22-4111

FAX 0950-22-2878

E-MAIL：bunka@city.hirado.lg.jp

●五島市

五島市福江町1-1　市長　中尾　郁子

生涯学習課　TEL 0959-72-7800

FAX 0959-72-5858

E-MAIL：kyoui-syougai8@city.goto.lg.jp

●南島原市

南島原市南有馬町乙1023

市長　松島　世佳

文化課　TEL 050-3381-5083

FAX 0957-85-3142

E-MAIL：bunkazai@city.minamishimabara.lg.jp

●小値賀町

北松浦郡小値賀町笛吹郷2371

町長　山田　憲道

教育委員会　TEL 0959-56-3111

FAX 0959-56-4192

E-MAIL：reki-min@ojika.net

●新上五島町

南松浦郡新上五島町榎津491

町長　井上　俊昭

生涯学習課　TEL 0959-54-1984

FAX 0959-54-2555

E-MAIL:kyouiku@town.shinkamigoto.nagasaki.jp

◇世界遺産候補地の概要

1600年頃、長崎は日本におけるキリスト教布教の重要な拠点で、「日本の小ローマ」と呼ばれるほどキリスト教文化が栄えていた。その後の禁教政策により、信徒への迫害や殉教が起こり、日本のキリスト教は根絶したと考えられていた。しかし、信徒たちはその後も信仰を守り続け、250年もの長い潜伏を経て、世界宗教史上の奇跡と呼ばれる「信徒発見」がおきた。

明治初期に信仰が黙認された後は、長崎、外海、五島などに西洋風の教会が次々と建てられたが、国宝・大浦天主堂をはじめとする長崎の教会群とキリスト教関連遺産は次のような顕著な価値を有する。

・教会群等は、世界史に類を見ない250年に及ぶ長期の潜伏からの劇的な復活を証明している。

・教会と集落が一体となった景観は、世界的

にも優れた文化的景観を形成している。

・教会群は、西洋の技法と在来の技術が融合した、世界的にも例がない、地域性の高い独特の建造物群となっている。

●主な資産

① 大浦天主堂（国宝）長崎市

現存する日本最古の教会建築。フランス人神父の指導により、安政の開国後に造成された南山手外国人居留地に建立。

1864年の竣工、1879年改築。日本26聖人に捧げられた教会堂で、当時フランス寺とも呼ばれ、劇的な信徒発見の舞台となった。

② 旧羅典神学校（国重要文化財）長崎市

禁教の高札撤廃を契機として日本人神父養成のために設立された神学校で、建築はド・ロ神父が担当し、1875年に完成。

木骨煉瓦造という堅牢な工法が採用され、ド・ロ神父の建築技術への造詣の深さがうかがえる。

③ 黒島天主堂（国重要文化財）佐世保市

フランス人のマルマン神父の指導により建築された外壁煉瓦造、内部3層構成の本格的な教会堂で1902年に完成。

祭壇の床に有田焼のタイルを貼るなど地方的特色も有する。

④ 田平天主堂（国重要文化財）平戸市

正面に八角形のドームを頂く鐘塔を付けた重層屋根構成の教会堂。鉄川与助の設計・施工により1917年に竣工。

鉄川の煉瓦造教会としては最後のもので、意匠的にも優れており、瀬戸を見下ろす高台に建ち、墓地など周辺の歴史的環境も良く保存されている。

⑤ 旧五輪教会堂（国重要文化財）五島市

1881年に建築された単層屋根構成の小規模な教会堂。

内部の意匠はゴシック風であるが、建物本体は和風建築。導入期の教会堂建築の特徴を顕著に示す、貴重な建築物である。

⑥ 青砂ヶ浦天主堂（国重要文化財）新上五島町

鉄川与助の設計·施工による煉瓦造の教会堂で1910年に竣工。日本人設計者による初期の教会堂であるが、重層屋根構成は本格的で、後の煉瓦造教会堂の構造・意匠の起点となった。

⑦ 旧野首教会（県指定文化財）小値賀町

鉄川与助の設計・施工による教会堂で1908年に竣工。鉄川にとっては最初の煉瓦造教会堂で、日本人大工による煉瓦造の技術習得過程を示す点でも貴重であり、改築箇所もなく原形はほぼ完全に保たれている。

⑧ 原城跡（国指定史跡）南島原市

有馬氏の出城で、1637年に起こった島原の乱において、一揆軍約3万7千人が籠城し、全滅。発掘調査で、多数の人骨と十字架、メダイが出土するとともに、乱後の徹底的な破壊が判明している。

◇これまでの活動経緯

① 世界遺産登録に向けた県、市町の取り組みは、今回の文化庁への「世界遺産暫定一覧表追加資産に係る提案書」の提出。19.4.1世界遺産登録推進室を教育庁内に設置し、登録に向けた事務を開始。

② 一方、民間では、2001年に「長崎の教会群を世界遺産にする会」が発足し、関東や長崎県内各地でシンポジウムや、県内教会の見学ツアーを開催している。

◇問題点及び課題と方針

今後は、世界遺産登録に向けて、保存管理計画等の策定や、県内外への周知活動などに取り組む必要がある。

Ⅲ　世界文化遺産
暫定一覧表記載資産候補

・　青森県の縄文遺跡群（青森）
・　ストーンサークル（秋田）
Ⅲ－1　出羽三山と最上川が織りなす文化的景観（山形）●　180
Ⅲ－2　金と銀の島、佐渡－鉱山とその文化（新潟）●　181
・　近世高岡の文化遺産群（富山）
Ⅲ－3　城下町金沢の文化遺産群と文化的景観（石川）●　182
Ⅲ－4　霊峰白山と山麓の文化的景観（石川、福井、岐阜）●　183
Ⅲ－5　若狭の社寺建造物群と文化的景観
－仏教伝播と神仏習合の聖地（福井）●　184
Ⅲ－6　善光寺～古代から続く浄土信仰の霊地（長野）●　185
Ⅲ－7　松本城（長野）●　186
・　妻籠宿と中山道（長野）
Ⅲ－8　飛騨高山の町並みと屋台（岐阜）●　187
Ⅲ－9　三徳山（鳥取）●　188
Ⅲ－10　萩城・城下町及び明治維新関連遺跡群（山口）●　189
・　錦帯橋と岩国の町割（山口）
Ⅲ－11　四国八十八箇所霊場と遍路道（徳島、高知、愛媛、香川）●　190
Ⅲ－12　四国八十八箇所霊場と遍路道（愛媛）●　191
Ⅲ－13　四国八十八箇所霊場と遍路道（愛媛）●　192
Ⅲ－14　九州・山口の近代化産業遺産群（福岡、佐賀、長崎、熊本、鹿児島、山口）●　193
Ⅲ－15　沖ノ島と関連遺産群（福岡）●　195
Ⅲ－16　宇佐・国東八幡文化遺産（大分）●　196
・　竹富島・波照間島の文化的景観（沖縄）

○はパネリストの地域、●は今回寄稿いただいた地域

Ⅲ-1　出羽三山と最上川が織りなす文化的景観

◇世界遺産登録候補名称

出羽三山と最上川が織りなす文化的景観

◇団体の名称　出羽三山魅力発信実行委員会

※鶴岡市（旧羽黒町）が中心となって組織した団体。

◇団体の所在地

山形県鶴岡市羽黒町荒川字前田元89番地
鶴岡市羽黒庁舎総務課内

◇代表者名　会長　齋藤　一

連絡先　鶴岡市羽黒庁舎総務課

TEL　0235-62-2111（内線223）

◇世界遺産候補地の概要

世界遺産候補地は、山形県内の広範な地域に資産を有し、世界遺産登録に関する国への提案等は、山形県が主体となって行っている。ただし、出羽三山を有する旧羽黒町が主体となって、出羽三山地域を世界遺産に登録する活動をこれまで行ってきたことから、鶴岡地域に関するものに絞って紹介する。

磐梯朝日国立公園の一角をなしている出羽三山は、月山、羽黒山、湯殿山の総称であり、古くから山岳修験の山として知られている。

出羽三山は、第32代崇峻天皇の皇子・蜂子皇子（はちこのおうじ）により開山されたという伝説があり、以来今日までの1400年余りの歴史の中で、独自の宗教文化を展開し、人々の篤い信仰に支えられ、羽黒派修験道として発展、存続してきた。現在も東北をはじめ関東、信越の各地域で講を組み、宿坊に泊まり、白装束で参詣に訪れる風習が伝承されている。

また、往時の姿が残されている六十里越街道、即身仏信仰などの稀な習俗、黒川能などの地域伝統芸能など有形･無形の文化遺産は信仰の歴史を物語っており、その価値を裏付けるように江戸時代では松尾芭蕉、近代では斎藤茂吉などその時代の日本を代表する文学者たちが訪れ、数多くの作品を残している。

最上川は、月山や吾妻山系を水源とする母なる川として、三山信仰と深く結びついた人々の生活と生業を支え、その支川も含めた沿川に農村集落をつくり農業を育むとともに、舟運により東西日本の経済交流、文化交流に重要な役割を果たしてきた。

このように民間の山への信仰が育んだ出羽三山は、経済的、文化的交流の基盤である最上川と一体となり、この地域に信仰と生活、生業が結びついた独特の景観と遺跡を残し、その影響を日本各地に及ぼしてきた。また、古代からの日本人の自然との共生の歴史を物語るとともに、「もうひとつの日本」ともいうべき日本の代表的な文化的景観を形作っている。

◇課題と方針

世界遺産制度、登録予定物件の内容の紹介等について今後、住民のコンセンサスを得る作業を続け、住民の理解を高めていくと共に、この運動を行政だけではなく、あらゆる層の住民や団体の参加による運動に繋げていくことが必要であると考えている。また、鶴岡市では、山形県が出羽三山及び周辺地域を世界遺産育成候補地に選定した趣旨を踏まえ、県及び関係機関等との連携をはかりつつ、世界レベルの夢のある事業を地元から盛り上げ、気運の醸成と情報発信を行っていきたいと考えている。

（現在、再提案に向けて検討中）

Ⅲ-2　金と銀の島、佐渡―鉱山とその文化―

◇世界遺産登録候補名称

金と銀の島、佐渡―鉱山とその文化－

◇団体の名称　新潟県・佐渡市

◇団体の所在地　新潟市新光町4番地1
佐渡市千種232番地

◇代表者名　新潟県知事　泉田　裕彦
佐渡市長　髙野　宏一郎

◇連絡先

新潟県教育庁文化行政課　世界遺産担当
TEL　025-280-5511（代表）
FAX　025-284-9396
E-mail　t5000802@mail.pref.niigata.jp

佐渡市教育委員会　文化振興課
世界遺産推進室
TEL　0259-27-4170
FAX　0259-27-4184
E-mail　k-goldmine@city.sado.niigata.jp

◇世界遺産候補地の概要

佐渡島には、約400年にわたる金銀山に関連する大規模な遺跡や景観が広く分布し、人類が獲得したすべての鉱山技術の変遷を目の当たりにできる島として、世界的にも希有な存在である。さらに、鉱山の繁栄によって全国から伝播した文化が、古代以来の文化と融合し、島という地理的特性の中で、他の地域には見られない多様性のある独特な文化が豊かな自然と一体となって継承されている。

【主要な構成資産】

・金銀鉱山遺跡群（西三川砂金山、鶴子銀山、新穂銀山、相川金銀山）
・近代鉱業遺産（大立竪坑、北沢浮遊選鉱場、大間港など）
・鉱山都市遺跡（上相川初期鉱山町跡、京町・寺町等の町並み、港町小木と相川往還）

【構成資産を補完する資産】

・寺社建築、能舞台及び能楽などの文化

◇問題点

・多くの構成資産が国指定になっていない状況のため、調査・研究・報告書の刊行、指定に向けた準備などに多くの時間がかかる。
・世界遺産化には、地元が中心となって官民協同のもと、遺産を保護する体制が不可欠と考えられるが、まだ、そうした気運が十分に醸成されているとはいえない。

◇課題と方針

・佐渡市民に対し、佐渡に残る資産の価値や重要性をアピールし、世界遺産化に向けた気運を醸成する必要がある。そのための、シンポジウム・講演会・地域勉強会などを継続する計画である。
・景観保護を、世界遺産化をはかりながら周知させていく必要があり、景観保護条例策定に向けて動いている。

Ⅲ-3　城下町金沢の文化遺産群と文化的景観

◇世界遺産登録候補名称

城下町金沢の文化遺産群と文化的景観

◇団体の名称　金沢市

◇団体の所在地　石川県金沢市広坂
1丁目1番1号

◇代表者名　市長　山出　保

◇連絡先　金沢市都市政策局
歴史遺産保存部文化財保護課
TEL　076-220-2469
FAX　076-224-5046
E-mail bunkazai@city.kanazawa.ishikawa.jp

◇世界遺産候補地の概要

金沢は近世日本を代表する城下町として栄え、戦災など大きな災害を受けなかったことから、17～19世紀の都市の遺構が現在に受け継がれ、文化遺産群が現代の町並みと調和し、伝統文化や豊かな感性と高い精神性が相まって、他に類例のない、歴史的、文化的景観を形成している。

金沢の都市としての発展は、1546年に創建された金沢御堂がその端緒といわれる。およそ、100年にわたった「百姓の持ちたる国」が終わり、金沢御堂跡には金沢城が築かれ、1583年に前田利家が入城した。利家、二代利長及びキリシタン大名であった高山右近の描いた都市プランと共に、城下町が形成されていった。古絵図と現在の地図を重ね合わせるとほぼ一致し、近世の文化遺産と近代以降の「軍都」「学都」の文化遺産が町に溶け込んでいる。

文化遺産群　近世城下町をしのばせる文化遺産群の中核には、金沢城、隣接して広がる兼六園、これらと一体の辰巳用水などが挙げられる。

「潤いと安らぎ」の文化的景観　金沢は、環壕が二重に取り巻く城下町であった。環濠には、今は辰巳用水などの水が流れ込んでいる。長坂、鞍月、大野庄などの用水は、都市に潤いと安らぎの景観をもたらし、近郊の水田地帯を潤している。

三代利常以後、歴代藩主が文治政策をとり、加賀宝生と呼ばれる能楽や茶の湯に力を入れたほか、藩営工房の「御細工所」などで育まれた、漆芸、金工、加賀象嵌《かがぞうがん》などの伝統工芸が、市民生活に深く浸透している。正月にはお正月のお菓子が店先に並び、出初め式には「加賀鳶」の心意気を示すはしご登があり、夏には「氷室」が開かれ、冬には、空に幾何学模様を描く「雪吊り」が行われている。近世から現代にいたる金沢の都市遺産は、工芸家などの創作活動に影響を与え、多くの文学作品にも描かれ、類希な文化的景観を形成している。

◇問題点

- 金沢城跡や辰巳用水など主要な資産が未指定（現在調査中）である。

◇課題と方針

- 未指定資産については、石川県と共に鋭意調査を進める。
- 構成資産のほとんどがまちなかにあることから、緩衝地帯の設定などに腐心しなければならないが、各種の既設置条例の見直し等で対応したい。
- 市民の理解、協力が不可欠であり、民間の推進会議や石川県と連携し、市民レベルでの意識高揚を図りたい。

Ⅲ-4　霊峰白山と山麓の文化的景観

◇世界遺産登録候補名称

霊峰白山と山麓の文化的景観

◇団体の名称　白山市（石川県・福井県・岐阜県・勝山市・郡上市と共同提案）

◇団体の所在地　石川県白山市倉光二丁目1番地

◇代表者名　白山市長　角　光雄

◇連絡先　白山市教育委員会 文化課

TEL　076-274-9573

FAX　076-274-9004

◇世界遺産候補地の概要

霊峰白山は、「越《こし》の大徳《だいとく》」泰澄《たいちょう》が奈良時代の養老元年（717年）に開いたと伝承され、「越の白山《しらやま》」と讃えられ、都人の憧憬の対象ともなっている。その山頂においては、9世紀後半の考古資料が確認でき、10世紀中頃から11世紀には山頂祭祀が本格化し、12世紀には経塚がみられるなど白山修験道が定着した。そして、中世を通じ山岳修験が盛んに行われ、山頂の室堂や加賀、越前、美濃の三馬場・三禅定道の整備が図られ、白山信仰の全国発展の拠点となっていった。

越前では深厳な平泉寺境内の中世の苔むす石垣が当時の景観を感じさせ、美濃では石徹白の社叢や御師集落が前近代の景観を残すとともに、明治の神仏分離後も白山神社の境内に長滝寺が並存し、かつての神仏習合の雰囲気を色濃く残し、長滝の延年などの祝祭と相まって、日本の宗教的世界の原風景を強く感じさせる。

また、標高2,702メートルの白山は、高山植物の宝庫であり、雪解けの頃、花々が一斉に咲き誇る光景は壮観である。国指定天然記念物のカモシカをはじめ、多彩な動物や鳥類も生息し、ユネスコの生物圏保存地域に指定されるとともに、世界屈指の豪雪地帯でもある。白山麓の人々は、厳しい自然環境の中で、たくましく生き抜いてきた。

白峰地方には出作り小屋による焼畑農業や養蚕が営まれた民俗遺産が残り、豪雪に適合した大壁造りの町並みが残っている。また、かんこ踊りなどの古くから伝承されてきた多くの民俗芸能が、山麓の居住景観と一体となって、豪雪地帯特有の文化的景観を形成している。

◇問題点

白山信仰は中世期に全国的な広がりを見せている。なぜ全国的な信仰形態をとったか普遍的な学術証明が懸案となっている。

信仰の基盤となった雪深い地において、営まれてきた生活・生業に対する緩衝地帯の対策を検討中である。

◇課題と方針

- 未指定資産のうち、白山山頂・禅定道遺跡群と白峰の伝統的建造物群については、現在文化庁、石川県の協力を得て資産化に向けて調査中である。
- 世界遺産への民意の高まりを受けて、普及啓発事業を実施してゆく。

Ⅲ-5　若狭の社寺建造物群と文化的景観　―仏教伝播と神仏習合の聖地

◇世界遺産登録候補名称

若狭の社寺建造物群と文化的景観

―仏教伝播と神仏習合の聖地

◇団体の名称

小浜市総合政策部　世界遺産推進室

◇団体の所在地

福井県小浜市大手町6番3号 小浜市役所

◇代表者名　小浜市長　村上　利夫

◇連絡先

TEL　0770-53-1111

FAX　0770-52-3223

E-mail rekishi@ht.city.obama.fukui.jp

◇世界遺産候補地の概要

福井県の南西部に位置する若狭地域は、リアス式海岸により形成された港に好適な地理的特性をもち、奈良・京都の玄関口として多くの文化・文明の交流の痕跡を留めている。特に良港である小浜湾を望むように聳える多田ヶ岳周辺には、それらを顕著に示す社寺建造物群が、今も信仰の山とそれを支える集落景観と一体となって文化的景観を構成している。

これら社寺群は、信仰に守られた文化的景観、社寺境内、社寺建造物の構造に、「神仏習合」のかたちを良く残す。特に代表的な若狭神宮寺は、日本の初期神仏習合の成立をわが国で最も伝世しているといえる。

これらのことから、港湾に抱かれた多田ヶ岳周辺という狭域に、古代から中世の過渡期の建造物群が密集することを主要素とし、神仏習合という形態を境内景観、周辺の山、信仰集落と一体となって伝えていることが資産の特徴といえる。

◇世界遺産候補地の現状

世界遺産の候補地は、全域が福井県小浜市の行政区内となる。その資産である社寺建造物群のほとんどは、多田ヶ岳周辺約1294haの文化的景観の中に点在している。この文化的景観は、良好な森林景観を持つ「信仰の山」と、重要文化財の社寺建造物を含む境内地、これらを支える良好な集落景観の3点により構成されている。これら景観は、古代から中世にかけてのそれを色濃く残すとともに、いまも主要な民俗行事だけでなく、地域民衆の神仏習合信仰と深く関連しながら存在している。

◇問題点

資産のコアである社寺建造物や一部の史跡は文化財保護法により保護されているとともに、社寺所有者や地域住民の積極的な活動により景観保全が成されている。しかしながら、信仰の対象である山や集落景観については、文化的景観としての認識は深くない。社寺景観だけでなく、山と集落の景観と一体となることでその価値が上がることを認識していかなければならない。

◇課題と方針

今後は地域の住民の理解や自主的な協力を得ながら、日本を代表する文化的景観として、バッファゾーンとなる周辺の景観保全も含めた保存管理の方策を検討していかなければならない。現在、官民一体となった景観保護・保全の方法や活動を模索中である。

Ⅲ-6　善光寺－古代から続く浄土信仰の霊地－

◇世界遺産登録候補名称

善光寺～古代から続く浄土信仰の霊地～

◇団体の名称　長野県長野市

◇団体の所在地　長野市大字鶴賀緑町1613◇代表者名　長野市長　鷲澤　正一

◇連絡先

TEL　026-224-7013

FAX　026-224-5104

E-mail bunka@city.nagano.nagano.jp

◇世界遺産候補地の概要

善光寺は全国の寺院の中で最も知られているが､広範な民衆の間に善光寺信仰を醸し出してきたのは､その信仰の根幹を成す平等性と寛容性であった。

明治時代初めの神仏分離の影響を受けずに残った数少ない連綿として続く霊地が善光寺である。

善光寺の空間構成は門前の参道の延長として南北に主軸をとり、北に本堂、その南に三門と仁王門を配置して参道でつなげることで､軸線を強調している。三門と仁王門の間には、仲見世が軒を連ねている。

善光寺は､大勧進と大本願の二大本坊とそれに属する宿坊で寺院組織を構成している。

古代には一地方の霊場寺院であった善光寺は､中世以降の浄土信仰の流布と源頼朝の保護と崇敬に端を発した武士たちによる善光寺信仰の受容によって､室町時代には高野山と並んで東西を代表する霊地として発展していた。また善光寺信仰の全国への広がりには､各地を遊行して勧進教化に努めた善光寺聖の活躍があった。

また､鎌倉時代以降には､女人往生の霊地として多くの女性参詣者を集めてきた。

浄土信仰の霊地として､門前に多くの参詣者が集まっている様子が15世紀の文献に記されている。

すでに世界遺産登録されている類似遺産と比較すると､例えば法隆寺は､金堂が原形を残したまま現在に伝えられ､僧が修行し､経を読む空間として､伽藍が築地塀など「閉じられた空間」で構成されている。これに対し､現在の善光寺本堂は法隆寺金堂のような古代の原形から､より多くの参詣者が昼夜籠もって参拝できるような空間を付加してきたという経過をたどっており、その境内も外に「開かれた空間」であるという特徴を有している。

◇課題と方針

コアゾーンについては､現在善光寺の本堂が国宝､三門と経蔵が重要文化財に指定されているが､資産全体の包括的な保全については､現在重要伝統的建造物群保存地区の選定を目指しており、伝統的建造物群保存条例を制定した後､善光寺周辺伝統的建造物群の保存管理計画を策定する。市では、平成17年度から19年度までの予定で保存予定地区調査を実施しているほか､住民説明会の開催など選定に向けた取り組みを進めている。また、バッファゾーンについても景観計画や登録文化財制度などにより保全計画を策定していく。

これらの保全を図っていくためには､地域住民の同意と協力が不可欠であることから､地域住民との議論を積み重ねながら､住民主体の運動を進めていく。

Ⅲ - 7　松本城

◇世界遺産登録候補名称　松本城

◇団体の名称「国宝松本城を世界遺産に」推進実行委員会

◇団体の所在地

信濃毎日新聞松本本社

〒399-8711　長野県松本市宮田2-10

松本市政策部政策課

〒390-8620　長野県松本市丸の内3-7

◇代表者　菅谷　昭（松本市長）

◇連絡先

信濃毎日新聞松本本社

TEL　0263-25-2153

FAX　0263-26-8730

松本市政策部政策課

TEL　0263-34-3000（内線1112）

FAX　0263-34-3201

◇世界遺産候補地の概要

松本は、石川氏の城築造とともに城下町として発展、陸上交通による商業活動で中部内陸地域における商都を形成、寺院を町の外郭に配し、前方遮断の道路等の武備を施した軍事都市であった。

1550年（天文19）甲斐の武田信玄は信濃の府中松本に侵攻し守護小笠原氏を敗走させ、これを手中にした。以後32年間深志城を整備し信濃経営の拠点とした。近世松本城の本丸・二の丸・三の丸の縄張りは、ほぼこの時出来上がっている。1582年（天正10）武田氏が滅び旧地を回復したのは小笠原氏で、深志城を松本城と改めた。1590年（天正18）豊臣秀吉は石川数正を松本に入封させ1593年（文禄2）から1594年（文禄3）にかけて江戸の家康を監視する五重六階の松本城天守を築造させた。戦国末期、鉄砲戦を想定し「戦略的な城構え」をもつ漆黒の松本城天守は、関ヶ原の戦い以後、泰平の世になってから領国支配の権威の象徴として建てられた白亜の天守とは異なった性格をもつ我が国に現存する最古の五重六階の天守である。1634年（寛永11）頃、三代将軍家光の従兄弟松平直政が入封し辰巳附櫓と月見櫓を付設した。この二棟は際立った武備は見当たらない泰平の世の櫓《やぐら》である。

このように松本城天守は戦略的な機能を備えた天守と泰平の世の優雅な櫓が複合した現存する我が国最古の五重六階の城郭建築である。

◇問題点

(1)松本城は既に登録された姫路城、暫定リストに掲載されている彦根城との統合又は再整理が可能であるかの検討を迫られている。(2)人口の集中する中心市街地に多く存在しているため、復元・保存及び文化的な景観、緩衝地帯を整備・保全していく場合には、個人の利益を制限する等の問題や多額の経費を伴うといった問題がある。

◇課題と方針

(1) 99（H11）年に策定した「松本城およびその周辺整備計画」に基づき、18項目に厳選した復元整備を重点的に実施していく。(2) 北アルプスや東山と調和した松本城の素晴らしい景観を次世代に引き継いでいくため、現在ある松本城周辺の条例による高度規制をさらに厳格に運用する等、市民の合意を得ながら進めていく。

また、緩衝地帯の整備・保全については、文化財の点としての保存から城下町の景観や街並みといった面としての保存への意識改革をさらに進め、計画的な実施を目指していく。

Ⅲ-8　飛騨高山の町並みと屋台

◇世界遺産登録候補名称

飛騨高山の町並みと屋台

◇団体の所在地

〒506-8555

岐阜県高山市花岡町２丁目18番地

◇代表者名　高山市長　土野　守

◇連絡先　高山市教育委員会文化財課

TEL　0577-35-3156

FAX　35-3172（教育委員会）

E-mail　bunkazai@city.takayama.lg.jp

◇世界遺産候補地の概要

（ア）　国選定重要伝統的建造物群保存地区

・高山市三町伝統的建造物群保存地区

高山市は近世以来飛騨における政治、経済の中心地であり、東西南北の街道は城下町高山の中へ引き込まれていた。また、これらの街道を活用した商業経済が重視された城下町であり、町人地は武家地の1.2倍と広く、全国の他の城下町と比べても、その町人地の広さに特色がある。本伝建地区は「上町」と呼ばれ、城下町の経済活動における中心地であった。

（イ）　国選定重要伝統的建造物群保存地区

・高山市下二之町大新町伝統的建造物群保存地区

安川通りの北側は桜山八幡宮の氏子区域で、秋祭の祭礼区域である。本伝建地区は、富山へ通ずる越中街道沿いにある。町家の特徴は、三町伝統的建造物群保存地区と共通しているが、一方、大新町には職人や半農半商的な職能の者の住宅もあって、それらは、上町の商家とは異った歴史と性格を持っている。

（ウ）　国指定重要有形民俗文化財

・高山祭屋台23基

屋台は享保以前からあったと推察されている。その後、江戸では厳しい倹約令によって禁止され、なくなってしまったが、高山では守り伝えられてきた。絢爛豪華な外装品が付けられる屋台は、動く陽明門といわれ、職人の最高技術が駆使されている。また、とくにカラクリ人形の元は「能」であり、全国では歌舞伎の外題が多い中で、注目すべき内容である。

◇課題と方針

（1）　国選定重要伝統的建造物群保存地区

・伝建地区事業⇒

三町、下二之町大新町伝統的建造物群保存地区（伝建地区）の保存修理・修景事業及び防災対策事業

下二之町大新町伝建地区は、無電柱化、防災対策、水利確保改修事業等を推進

・歴史的町並保存地区形成・拡大⇒

歴史的町並保存地区の形成・拡大を目標としている。

（2）　高山祭屋台

有形民俗文化財高山祭屋台（国指定23台、県指定２台等）の保存修理及び屋台蔵修理を行なう。それらを修理する伝統技術職人の養成を行なう。また技術伝承のための製作工程記録整備を行なう。

Ⅲ-9　三徳山

◇世界遺産登録候補名称　三徳山

◇団体の名称　三朝町役場

◇所在地　鳥取県東伯郡三朝町
大字大瀬999-2

◇代表者名　三朝町長　吉田　秀光

◇連絡先　担当者：地域振興課
世界遺産推進室　松原 照宗
TEL　0858-43-1111
FAX　0858-43-0647
E-mail　t-matsubara@ town.misasa.tottori.jp

◇世界遺産補地の概要

三徳山は、役行者が投げた蓮花が落ちた地として、706年に絶壁に神窟を開いたと伝わり、849年に慈覚大師円仁が釈迦・弥陀・大日の三仏を安置し「浄土院美徳山三仏寺」と号したという。この地に天台密教が伝播した9世紀以降、山上に多くの神々が合祀されていく。そして谷を挟んだ対岸には、多数の寺坊等が営まれ繁栄したことが今に残る「千軒原」の地名から窺うことができる。

安山岩と凝灰岩によって産み出された岩窟や奇岩などの浸食地形と、その地形に適応したカシやブナに代表される原生林からなる豊かな植生とが織りなす自然景観は、目に見えぬ神仏の姿を現すものとして古来より人びとを惹き付けてきた。

資産範囲のほぼ中央を東西に流れる三徳川左岸の山上からその麓にかけて、来世の空間と来世と俗世をつなぐ空間があり、右岸には俗世の空間が存在したと考えられる。自然と一体化し、浄土に至る求道の過程を表現した行者道とそこに点在する建造物は、訪れる者に来世への憧れを抱かせる。中でも修験道の本尊である蔵王権現が祀られた三仏寺奥院（投入堂）は、人間が容易に近づくことを許さない、断崖に臨む岩窟という限られた空間にある。崖下から仰ぎ拝する投入堂の姿は、自然と融合した美の極限を目指したものであり、来世への憧れの象徴である。そして、そこから見る景観は、まさに浄土から見下ろす下界の景観に他ならない。

聖なる三徳山は、深山幽谷の中に自然と信仰の一体化した姿を求めた人間の英知が創り上げ、そして今日まで守り続けられている世界的に顕著な普遍的価値を有する文化的景観である。

◇問題点

・地域住民の合意形成及び地域の世界遺産に対する盛り上がり
・保存修理等に伴う財政負担（寺及び町）

◇課題と方針

・保存管理計画の策定、平成3年に『三徳山地域保存管理計画』、平成14年に策定の『三徳山地域保存管理計画「環境整備基本計画」』が策定されているが、世界遺産としての保存管理計画については、策定されていない。
・資産と一体をなす周辺環境の範囲策定を実施する。
・地域住民の方にも会議に出席していただき、地域に根ざし、地域の方々に喜んでいただける保存管理計画の策定を目指す。
・資産の範囲が、現在三朝町内だけであり、近隣の市町の盛り上がりがない。
・民間団体や市町への働きかけを進める。

Ⅲ-10　萩城・城下町及び明治維新関連遺跡群

◇世界遺産登録候補名称

萩城・城下町及び明治維新関連遺跡群

◇団体の名称　山口県萩市

◇団体の所在地

山口県萩市大字江向510番地

◇代表者名　萩市長　野村　興兒

◇連絡先

TEL　0838-25-3131（代表）

0838-25-3117（総合政策部企画課）

FAX　0838-26-3803（総合政策部企画課）

E-mail　kikaku@city.hagi.yamaguchi.jp

◇世界遺産候補地の概要

萩城・城下町　萩城・城下町は、毛利輝元により17世紀初に計画的に配置され、藩庁移鎮までの約260年間にわたって形成された典型的な近世城下町の構造が現在も色濃く残り、その形を留めている都市として世界的に希有な例と考えられる。

明治維新関連遺跡群　明治維新関連遺跡群は、日本の近代化を物語る優れた歴史遺産のみならず、欧米とは異なるアジアの近代化を語る上でも類を見ない遺産である。

◇これまでの活動経緯

昭和30年代から始まった高度成長という大きなうねりのなかで、全国の歴史的町並みが失われつつあったが、萩市は全国に先駆けて市独自の歴史的景観保存条例を昭和47年10月に制定し、堀内や平安古に残る土塀や武家屋敷の保存に取り組んできた。

この萩市の動きに呼応して、昭和50年に文化財保護法が改正され伝統的建造物群保存地区が制度化されると、翌年には、全国で最初となる重要伝統的建造物群保存地区として、堀内と平安古の２地区が選定された。

現在、萩のまち全体を博物館としてとらえ、これら近世の都市遺産を大切に保存・活用するとともに萩にしかないこれら宝物を次世代に確実に伝え、魅力あるまちづくりを推進するため、「萩まちじゅう博物館」構想のもと、市民とともにまちづくりや観光地づくりに取り組んでいる。その最終目的である「世界文化遺産」への登録をこのたび提案したものである。

◇課題と方針

遺産を保存する管理計画において、都市遺産としての各諸要素の関連性に充分注目して、全体の保存管理・整備活用に関する基本方針の他、保存方法や保存管理体制等についてまとめるとともに、観光・地域開発などとの共存の方法について明示することとしたい。

本市は平成17年３月に景観法に基づく景観行政団体となり、平成18年度は景観計画の策定に取り組んでいる。策定後は、この計画の中で、萩の歴史的風致が色濃く残りその保全と良好な景観の形成が特に必要とされる区域を重点景観計画区域に順次指定し、区域ごとに良好な景観形成に関する方針と建築物等の制限基準を示すことで、歴史的・文化的資源や町並みを保存していくこととし、市内全域についても一般景観計画区域として指定し、建築物等の規制誘導を図ることにより、歴史的・文化的な、また自然と調和した景観形成を進めることとしている。

Ⅲ-11　四国八十八箇所霊場と遍路道

◇世界遺産登録候補名称

四国八十八箇所霊場と遍路道

◇団体の名称

徳島県・高知県・愛媛県・香川県

◇団体の所在地

徳島県庁　徳島県徳島市万代町1丁目1番地
高知県庁　高知県高知市丸ノ内1丁目2番20号
愛媛県庁　愛媛県松山市一番町4丁目4番地2
香川県庁　香川県高松市番町4丁目1番10号

◇代表者

徳島県知事　飯泉　嘉門
高知県知事　橋本　大二郎
愛媛県知事　加戸　守行
香川県知事　真鍋　武紀

◇連絡先

徳島県　・総合政策局地方分権推進担当
　電話088-621-2133
　・教育委員会文化財課
　電話088-621-3160
高知県　・企画振興部企画調整課
　電話088-823-9334
　・教育委員会文化財課
　電話088-821-4912
愛媛県　・企画情報部管理局企画調整課
　電話089-912-2234
　・教育委員会文化スポーツ部文化財保護課　電話089-912-2975
香川県　・政策部政策課
　電話087-832-3122
　・政策部文化振興課
　電話087-832-3784
　・教育委員会生涯学習・文化財課
　電話087-832-3786

◇世界遺産登録候補地の概要

四国遍路は、徳島県・香川県・愛媛県・高知県の四国4県にある、空海（諡号は弘法大師）ゆかりの八十八箇所の札所寺院をループ状に巡る全長1,400ｋｍに及ぶ壮大な寺院巡拝である。

地域も遍路を支えている。荷物も少なく歩き続ける遍路のため、「善根宿」と呼ばれる無料の宿が提供されたり、「接待」として食事や物品を遍路へ施した。遍路道沿いには、亡くなった遍路を埋葬した遍路墓が残っている。

遍路の基となる「思想・信仰」と実践する「場」とそれを支える「地域」の三者の一体となったものが四国遍路文化であり、遍路の主体が僧侶等から一般民衆へと広がり、千年を超えて継承されてきた。

◇問題点

四国八十八箇所札所寺院の中には文化財保護法による指定を受けていないものも多く、また、四国遍路にふさわしい保存管理のあり方など検討課題も多く残されている。

◇課題と方針

四国4県が連携のうえ、関係市町や寺院関係者とも十分協議しながら、遍路文化を核とした「文化的景観」を将来の世代へ引き継いでいくため、保存するべき価値と対象の明確化とともに、保存管理のあり方を検討し、提案の熟度を高めていく。

また、四国が一体となって推進するために、4県、関係市町や民間団体などで構成される推進体制も整備のうえ、官民挙げた取組みを進めていく。

Ⅲ -12　四国八十八箇所霊場と遍路道

◇世界遺産登録候補名称

四国八十八箇所霊場と遍路道

◇団体の名称　「四国へんろ道文化」

世界遺産化の会（市民団体）

◇団体の所在地

事務局

〒790-0932 愛媛県松山市東石井6丁目12-36

星企画（株）内

◇代表者名

小山田　憲正（58番札所　仙遊寺住職）

武田　信之・塩崎　満雄

（事務局長　松木　周二）

◇連絡先

TEL　089-956-3555

FAX　089-956-3556

HP　http://88henro.org

E-mail　mail@88henro.sakura.ne.jp

◇世界遺産候補地の概要

四国遍路は、徳島・高知・愛媛・香川の四国4県にある、空海（弘法大師）ゆかりの八十八箇所の札所寺院をループ状に巡る全長1,400kmに及ぶ壮大な寺院巡拝路である。また、地域の人達がお遍路さんをお接待する独自の文化も形成し、点である札所寺院だけでなく、それをつなぐ線である遍路道に存在する地域社会との交流、また四国全体が「癒し」「救い」の場として空間的な広がりを含有する。

1200年にわたって受け継がれるこの「四国へんろ道文化」は世界に類を見ない循環型巡礼の道であるとともに、多用な価値観を認め合う共存、共生の道筋として「共に生きる」社会への貴重な平和的シンボルでもあり、世界に誇り得る文化資産である。

◇問題点

八十八箇所の寺院のうち、国などの指定を受けている札所は十五箇所。今後の調査で各寺院の史跡等の国指定や重要文化的景観などの選定が待たれる。

遍路道の実態調査や道標、遍路宿などの地域社会との関係も含めた遍路文化の保存計画も重要。しかしながら、遺産登録による制約や規制を危惧している声も聞く。地権者や地域住民の合意形成に向けての活動が欠かせない。また、歩き遍路さんからも指摘される遍路道沿いの環境保全も問題である。ゴミの不法投棄が目立つところもあり、「癒し」の景観が損なわれている。

各地のボランティア団体や地元自治体と共同して環境保全や保護に取り組みたい。

◇課題と方針

四国内で世界文化遺産登録の活動をしている各種団体とのネットワークを強化し、情報交換や今後想定される問題などの解決策を模索していきたい。またこの運動を地元だけではなく、「へんろ道文化」が日本固有の世界に誇れる人類全体の文化遺産であることを全国に向けて発信していきたい。

Ⅲ-13　四国八十八ヶ所霊場と遍路道

◇遺産登録候補名称

四国八十八ヶ所霊場と遍路道

◇団体の名称

「四国へんろ道文化」世界遺産化の会

久万支部

◇団体の所在地

〒791-1205

愛媛県上浮穴郡久万高原町菅生2-1400-4

◇代表者名

「四国へんろ道文化」世界遺産化の会

事務局長　渡辺　浩二

◇連絡先

TEL & FAX　0892-50-0058

E-mail kuma@shokokai.ehime-iinet.or.jp

携帯　090-3188-6927

◇問題点及び課題と方針

四国4県が追加提案した世界文化遺産候補「四国八十八ヶ所霊場と遍路道」について、3つの大きな難問がある。

1つは、「登録しようとする遍路道の確定」である。現在、霊場間では複数の巡礼道が通行されており、いずれのルートが正式なへんろ道であるか判定するに難い地域が多数存在する。

現に私どもの生活居住区・久万高原町には、四国霊場44番札所・大宝寺と45番岩屋寺2ヶ寺あるが、旧へんろ道が2つ、国道、県道、町道と5本ものルートが迷走しており、その全てに「四国遍路巡拝者」は存在している事実がある。このロードの確定こそが「暫定リスト素案（検討資料）作成」の要諦である。

2つは、遺産登録の要件である国宝社寺の絶対数の不足である。文化財保護法指定不動産が15ヶ寺しかないのは大きなハンディーであり、国宝等への文化財保護登録追加作業が急務である。

3つは、各県庁が中心となっての四国4県推進協議会の早期設置である。

上記世界遺産登録に向けての連絡調整はもとより、登録要件の法的担保措置、中長期的保存管理計画の策定、地元県民の総意と気運の醸成に取り組んでいただきたいと願っている。

Ⅲ-14　九州・山口の近代化産業遺産群

◇世界遺産登録候補名称

九州・山口の近代化産業遺産群

◇団体の名称

福岡県、佐賀県、長崎県、熊本県、
鹿児島県、山口県
北九州市、大牟田市、唐津市、長崎市、
荒尾市、宇城市、鹿児島市、萩市

◇団体の所在地、代表者名、連絡先

●福岡県　福岡市博多区東公園7番7号
代表者　福岡県知事　麻生　渡
連絡先　TEL 092-643-3220
E-mail kicho@pref.fukuoka.lg.jp
（企画調整課）

●佐賀県　佐賀市城内1丁目1番59号
代表者　佐賀県知事　古川　康
連絡先　TEL 0952-25-7232
E-mail bunka@pref.saga.lg.jp
（文化課）

●長崎県　長崎市江戸町2番13号
代表者　長崎県知事　金子　原二郎
連絡先　TEL 095-894-3386
E-mail s40080@pref.nagasaki.lg.jp
（学芸文化課 世界遺産推進室）

●熊本県　熊本市水前寺6丁目18番1号
代表者　熊本県知事　潮谷　義子
連絡先　TEL 096-333-2017
E-mail kikaku@pref.kumamoto.lg.jp
（企画課）

●鹿児島県　鹿児島市鴨池新町10番1号
代表者　鹿児島県知事　伊藤　祐一郎
連絡先　TEL 099-286-2347
E-mail kikakukk@pref.kagoshima.lg.jp
（企画課）

●山口県　山口市滝町1番1号
代表者　山口県知事　二井　関成
連絡先　TEL 083-933-4666
E-mail a50400@pref.yamaguchi.lg.jp
（社会教育・文化財課）

●北九州市　北九州市小倉北区城内1番1号
代表者　北九州市長　北橋　健治
連絡先　TEL 093-582-2389
E-mail kyou-bunkazai@city.kitakyushu.lg.jp
（文化財課）

●大牟田市　大牟田市有明町2丁目3番地
代表者　大牟田市長　古賀　道雄
連絡先　TEL 0944-53-1503
E-mail bunkasp@city.omuta.lg.jp
（文化・スポーツ課）

●唐津市　唐津市西城内1番1号
代表者　唐津市長　坂井　俊之
連絡先　TEL 0955-72-9171
E-mail bunka@city.karatsu.lg.jp
（文化課）

●長崎市　長崎市桜町2番22号
代表者　長崎市長　田上　富久
連絡先　TEL 095-829-1111
E-mail kikaku@city.nagasaki.lg.jp
（総合企画室）

●荒尾市　荒尾市宮内出目390番地
代表者　荒尾市長　前畑　淳治
連絡先　TEL 0968-63-1681
E-mail ksyakyo@city.arao.lg.jp
（社会教育課）

●宇城市　宇城市松橋町大野85番地
代表者　宇城市長　阿曽田　清
連絡先　TEL 0964-32-1954
E-mail bunkaka@city.uki.lg.jp

（文化課）

●鹿児島市　鹿児島市山下町11番1号

代表者　鹿児島市長　森　博幸

連絡先　TEL 099-227-1962

E-mail bunka6@city.kagoshima.lg.jp

（文化課）

●萩市　萩市大字江向510番地

代表者　萩市長　野村　興兒

連絡先　TEL 0838-25-3117

E-mail kikaku@city.hagi.yamaguchi.jp

（企画課）

◇世界遺産候補地の概要

九州・山口の近代化産業遺産群とは

····経済大国日本の原点

・近世末から近代初頭にかけての日本の近代化を主導した産業遺産群

・短期間に飛躍的な近代化を自らの手でなし遂げた世界史上の奇跡を語る産業遺産群

・在来技術の上に西洋の関連技術を融合するという特異な手法の証左となる産業遺産群

・西洋からの技術者の招聘、機械の移入等の幅広い交流の上に構築された産業遺産群

①東田第一高炉跡（北九州市指定史跡）

②三井石炭鉱業株式会社三池炭鉱宮原坑施設（国指定重要文化財（建造物）、国指定史跡）

③旧高取家住宅（国指定重要文化財（建造物））

④旧グラバー住宅（国指定重要文化財（建造物））

⑤小菅修船場（国指定史跡）

⑥北渓井坑跡（長崎市指定史跡）

⑦端島炭坑（未指定）

⑧三角旧港（三角西港）施設（国指定重要文化財（建造物））

⑨三井石炭鉱業株式会社三池炭鉱旧万田坑施設（国指定重要文化財（建造物）、国指定史跡）

⑩旧集成館（国指定史跡）

⑪旧集成館機械工場（国指定重要文化財（建造物）、国指定史跡）

⑫旧鹿児島紡績所技師館（国指定重要文化財（建造物）、国指定史跡）

⑬萩反射炉（国指定史跡）

◇これまでの活動経緯

・平成18年度から、九州地方知事会の政策連合の項目の一つとして「九州近代化産業遺産の保存・活用」の取組を開始

・九州各県の推薦を受けた学識者による「九州近代化産業遺産研究委員会」を設置し、九州近代化産業遺産の学術的再評価などを実施。その成果として、「九州近代化産業遺産の意義」を作成

・これらの文化財のうち、ユネスコが定めた世界遺産評価基準に適合すると研究委員会で判断された13件について、国が示した「世界遺産暫定一覧表（暫定リスト）追加のための手続き及び審査基準」に基づき、平成18年11月27日に、九州・山口の関係6県8市の連名により、「九州・山口の近代化産業遺産群」として、文化庁へ提案書を提出

◇問題点・課題と方針

今後、世界遺産登録に向けて、体制の整備や保存管理計画の策定等に取り組む必要がある。

（注）上記の内容については、平成18年11月の提案時点のものである。但し、団体の代表者名、連絡先については、平成19年10月1日時点のものである。

Ⅲ-15　沖ノ島と関連遺産群

◇世界遺産候補名称

宗像・沖ノ島と関連遺産群

◇団体名称　福岡県・宗像市・福津市

◇団体の所在地

〒811-3492

福岡県宗像市東郷一丁目1番1号

◇代表者名　宗像市長　谷井　博美

◇連絡先

TEL　0940-36-0890

FAX　0940-37-1242

E-mail　hisyo@city.munakata.fukuoka.jp

◇世界遺産候補地の概要

「宗像･沖ノ島と関連遺産群」は神聖な島として古代において対外交渉に関わる祭祀が行われた沖ノ島、祭祀に関わった胸形（宗像）氏の古墳群、そして信仰を継承している宗像大社から構成される。

沖ノ島では、4世紀後半から約600年間にわたり連綿と祭祀が行われた。これまでの発掘調査で巨岩を利用した岩上祭祀などの4段階にわたる祭祀遺構23か所が確認されている。その出土品には、新羅製の金製指輪や馬具、遣隋使及び遣唐使によりもたらされた金銅製龍頭や唐三彩、中東からシルクロードを経て伝来したカットグラス碗片等がある。これらを含む約8万点にのぼる品々はすべて国宝に指定されており、沖ノ島は「海の正倉院」と称されるにふさわしい。

この沖ノ島での祭祀に深く関わっていたのが、東アジアとの窓口でもあった宗像地域を拠点として、海人たちを束ねていた胸形氏である。海上交通路の確保のために大和王権は胸形氏と密接な関係を結んでいた。そして8世紀に成立した古事記や日本書紀には、胸形氏が祀った沖津（沖ノ島）・中津（大島）・辺津（田島）で宗像三女神についての記述が見られる。

沖ノ島は、玄界灘のほぼ中央に位置する周囲4km足らずの無人島である。島の内部は、太古の自然が残る原生林と巨岩群からなり、日頃は波の音、風の音、鳥の鳴き声のみが静かに流れる別世界である。

沖ノ島における祭祀は、対外交渉の成就や航海の安全を願って、執り行なわれたものであり、島自体が、国内最大級の祭祀遺跡である。自然崇拝から今日の社殿祭祀に至る過程が純粋な状態で保たれている国内唯一の遺産である。豊かな自然と遺産群が共生し、今もなお、人々の中に信仰が脈々と生き続けている。このような遺産は世界的にみて他に例がない。

◇問題点

コアゾーンについては、史跡地内として確定でき、文化財保護法をはじめとする法律で保護することはできるが、バッファゾーンについては、広範囲となるため、範囲選定の基準をどのように設定するのかが問題となる。

環境及び景観保全のための条例制定が急務となる。

◇課題と方針

課題のひとつとして、関連遺産群の整備・保存がある。これから整備･保存計画を策定に取り組む上で、地域住民とも協議を重ねながら策定することが必要であると考えている。

もうひとつの課題として沖ノ島が、入島制限など厳重な禁忌で守られてきたことにより、その内容や世界遺産としての価値が広く知られていないことがある。その内容や価値を広く知ってもらうため、ＩＴ技術の活用や施設の整備などを行い、内陸部で沖ノ島に入島したと同じような満足感を得られるような手段を検討する必要がある。

Ⅲ-16　宇佐・国東八幡文化遺産

◇世界遺産登録候補名称

宇佐・国東八幡文化遺産

◇団体の名称

宇佐神宮・国東半島を世界遺産にする会

◇団体の所在地

〒879-0453

大分県宇佐市大字上田1030番地の1

宇佐市教育委員会文化課内

◇代表者名

永岡　惠一郎（ながおかけいいちろう）

◇連絡先

TEL　0978-32-1111（内線686）

FAX　0978-33-5120

E-mail　bunkazai07@city.usa.oita.jp

◇世界遺産候補地の概要

大分県北部―中津市・豊後高田市・杵築市・宇佐市・国東市に広がる神仏習合を主体とした宇佐・国東八幡文化遺産（有形・無形文化財、民俗文化財、文化的景観等を総括）。

◇これまでの活動経過

平成13年に宇佐市の時枝市長が宇佐神宮を世界遺産にと提唱。同時期に、杵築市の工藤弘太郎氏や国東市の金田信子さん、宇佐市の高橋宜宏氏など民間の有志により国東半島の世界遺産に向けての活動を進めていた。

平成15年に、【宇佐神宮・国東半島を世界遺産にする会】が発足。同会や【国東・宇佐の文化を守る会】が主体となり、シンポジウム・講演会・会誌発行・ホームページhttp://www.usa-kunisaki.net/の作成等を実施している。

◇世界遺産登録候補地の現状

県・関係各市によって保存管理計画が立案・あるいは検討されている。

◇問題点

関係市が多いために共通認識・共通理解に若干の問題があるが、世界遺産登録に向かっての努力意識には共通なものがある。

◇課題と方針

課題―広範囲にわたる圏域内の住民の理解と協力・開発計画との調整・財源処置

方針―大分県の指導・支援を軸として上記課題を克服し本件を推進する。

◇その他

【宇佐神宮・国東半島を世界遺産にする会】の会員拡大を図り、より多くの方々への理解・協力をお願いする予定である。

Ⅳ　世界遺産登録に向けて活動中の地域

Ⅵ－１　足尾銅山（栃木）●　198

Ⅵ－２　南アルプス（静岡）●　199

Ⅵ－３　瀬戸内海国立公園の複合景観（広島）●　200

Ⅵ－４　鞆の浦（広島）○●　201

○はパネリストの地域、●は今回寄稿いただいた地域

Ⅳ-1　足尾銅山

◇世界遺産候補名称　足尾銅山

◇団体の名称

足尾銅山の世界遺産登録を推進する会

◇団体の所在地

栃木県日光市足尾町松原 2825

◇代表者名　会長　神山　勝次

◇連絡先　NPO 法人足尾歴史館

TEL　0288-93-0189

FAX　0288-93-0189

E-mail　ashio-rekishikan@world.ocn.ne.jp

http://www18.ocn.ne.jp/~rekisikn/

◇世界遺産候補地の概要

足尾銅山は、日本の近代化を支えた日本最大の銅山で、その現存する銅山関連の産業遺産は明治から大正時代における我が国の産業近代化の様子や文化を今に伝える貴重な遺産であり、後世に継承すべき資産である。

また、近代化の過程において日本初の公害が発生したが、その防除のための技術や取り組みが今世界中の鉱山で生かされている。

◇候補地の現状

昭和 48 年 2 月に足尾銅山の閉山後、現在稼動中のものを除き、その大半が放置保存状態にある。

なお、資産の大半が一企業の所有であるため、行政と一体となって保存するよう働きかけている。

◇問題点

産業遺産の保存の手法

◇課題と方針

本会は行政の内部組織として設立され、市町村合併を期に市民団体として活動を始めたが、幸いにも合併後の日光市の理解と協力を得ることが出来た。

今後は、世界遺産登録を目指しつつ、さらに行政と一体となった協働の地域づくりに進める。

Ⅳ-2　南アルプス

◇世界遺産登録候補名称　南アルプス

◇団体の名称

南アルプス世界自然遺産登録推進協議会

◇団体の所在地（事務局）

〒420-8602　静岡市葵区追手町５番１号

◇代表者名　静岡市長　小嶋　善吉

◇連絡先

静岡市環境局環境創造部　環境総務課

TEL　054-221-1077

FAX　054-221-1492

E-mail　kankyousoumu@city.shizuoka.jp

◇世界遺産候補地の現状

①地形・地質

山梨・長野・静岡の３県にまたがる南アルプスは、東側から甲斐駒山脈、白峰山脈、赤石山脈、伊那山脈と４つの山脈からなり、西側を中央構造線、東側を糸魚川－静岡構造線に区切られた標高3,000mを越える高峰13座を有する我が国を代表する山岳地帯である。

最近70年間の測地測量データによると、赤石山脈は年間4mm以上の速さで隆起し、この速さは日本では最速、世界でもトップレベルといわれている。また、仙丈ケ岳や荒川岳などでは、氷河地形のカールが存在するほか、構造土などの周氷河地形も多数確認できる。

②動物相

哺乳類は、30種類以上が確認されているが、本州中部地方の山岳地帯とほぼ共通している。

鳥類は、大井川上流域での調査結果では29科87種が確認されている。

なお、南アルプスに生息するライチョウは、世界での生息地の南限として確認されている。

③植物相

植物相は、植物地理からみて、東南アジアを中心に分布する南方系植物の北限と、アジア大陸を中心に分布する北方系植物の南限が重なり合う地域に相当するため、多様であることが特徴である。

植生では、照葉樹林帯から高山帯までの顕著な垂直分布や、地質の相違に伴う植生の変化が見られる。

南アルプスは、現在、次のとおりの立法上または制度上の保護を受けている。

①原生自然環境保全地域（環境省）

②森林生態系保護地域（林野庁）

③南アルプス国立公園（環境省）

④鳥獣保護区（静岡県）

◇問題点

①氷河自体を包含しておらず、カナディアンロッキー山脈公園群等との比較においても、現時点での学術的知見では、世界遺産として推薦することはできない。

②南アルプスの法的規制がかかる区域は、山稜部に限定されており、南アルプス全体の保護担保措置の検討が必要である。

◇課題と方針

南アルプスの世界遺産登録に向けた課題と今後の方針は、次のとおりである。

①学術的知見の集積

②保護担保措置の拡充

③国民的な合意の形成

平成19年２月、南アルプスに関係する山梨・長野・静岡の関係10市町村により南アルプスの世界自然遺産登録を目指す当協議会を立ち上げたが、今後はこれら関係自治体との緊密な連携のもと、南アルプス全体の価値を磨いていくことが重要である。

Ⅳ-3　瀬戸内海国立公園の複合景観

◇世界遺産登録候補名称

瀬戸内海国立公園の複合景観

（The Natural and Cultural Landscape of the Setonaikai National Park）

◇団体の名称

シンクタンクせとうち総合研究機構

◇団体の所在地

〒731-5113　広島市佐伯区美鈴が丘緑三丁目4番3号

◇代表者　古田　陽久

◇連絡先

TEL　082-926-2306（ファックス兼用）

E-mail　sri@orange.ocn.ne.jp

◇世界遺産候補地の概要

瀬戸内海国立公園は、陸域は、近畿地方、中国地方、四国地方、九州地方の4つの地方にまたがり、海域は、紀淡海峡、鳴門海峡、関門海峡、豊予海峡の4つの海峡に囲まれたわが国の多島海景観を代表する島しょ部と海域等からなっている。

瀬戸内海国立公園は、1934年（昭和9年）3月16日に、雲仙国立公園、霧島国立公園と共に、わが国最初の国立公園として指定され、2009年に、瀬戸内海国立公園指定75周年を迎える。

瀬戸内海国立公園は、わが国最大の瀬戸内海、白砂青松の海岸、大小の島々が飛び石のように連なる多島、穏やかな内海に浮かぶカキ筏、それに、みかん、レモン、オリーブ、ブルー・ベリーなどの段々畑、里山の自然環境など人間と自然との共同作品ともいえる文化的景観が調和した内外に誇れるパノラマのように展開する備讃諸島、塩飽諸島、笠岡諸島、日生諸島、家島諸島、芸予諸島、安芸灘諸島、防予諸島など多島海の景観の美しさが特色である。

◇問題点

瀬戸内海国立公園の保護管理については、山陽四国地区自然保護事務所（岡山県岡山市）が担当している。また、瀬戸内海国立公園内にある指定文化財については、文化財保護法で、国有林については、森林・林業基本法等で保護されている。

一方、瀬戸内海の水質の保全、自然景観の保全等の環境保全に関しては、瀬戸内海環境保全特別措置法（対象は、10県プラス京都府、大阪府、奈良県の13府県）を制定し「瀬戸内海環境保全基本計画」が策定されている。

しかしながら、瀬戸内海国立公園の場合、保護・保存管理措置としては、自然保護法や文化財保護法で完全に守られているわけではない。

◇課題と方針

瀬戸内海国立公園は、世界遺産になりうる可能性はあると思う。失われつつあるかけがえのない多島海景観のなかでも、すばらしいものがまだ数多く残っており、瀬戸内海国立公園を俯瞰する人間と自然環境に関わる瀬戸内海物語とシナリオを用意する必要がある。

この地域は、「顕著な普遍的価値」の証明以前に、恒久的な保存管理措置を図ることがテーマになる。また部分的な史跡、名勝、伝統的建造物群保存地区の世界遺産登録ではなく、広域的な視点で、瀬戸内海国立公園の全体的な文化的景観の保存と活用が図れる様な展開が望ましい。

Ⅳ-4　鞆の浦

◇世界遺産登録候補名称

歴史的港湾都市鞆の浦

◇団体の名称

NPO法人鞆まちづくり工房

◇団体の所在地（事務局）

〒720-0201　広島県福山市鞆町鞆5

◇代表者名　松居　秀子

◇連絡先

TEL　084-982-0535

FAX　〃

E-mail　npo-tomo@vesta.dti.ne.jp

瀬戸内海の文化的景観

東アジアでも例のない内海的な多島海である瀬戸内海は、温帯気候の穏和な自然環境のもと、古来の豊かな歴史的蓄積がその美しい自然景観の中の各所にはめ込まれた、独自の文化的景観を形成している。すでに、そのなかのひとつの島である厳島は、海岸に立地する厳島神社の国宝建築群を中心として、史跡名勝指定の島全体を含めて、1996年に世界遺産に登録されている。

瀬戸内海は現在、国立公園としてその自然環境の広域的な保護がなされているが、文化財保護法による個別の資産も豊富である。

広域で景観的な大きな役割をしているのは、史跡名勝指定地と重要伝統的建造物群保存地区である。

重要伝統的建造物群保存地区では、香川県の丸亀市塩飽本島笠島地区、広島県の竹原市竹原地区、豊町御手洗地区、山口県柳井市古市金屋地区が、直接に瀬戸内海に面していて、大きな構成要素となる。

しかし、瀬戸内海の文化的景観を考える上で、最も重要な要素は、広島県福山市の鞆の浦であろう。ここでは、史跡指定候補たり得る歴史的港湾施設が完全に残り、名勝鞆公園があり、史跡朝鮮通信使遺跡対潮楼があり、多くの重要文化財建造物指定があって、かつ港周辺の町並みが伝統的建造物群保存地区候補として、高い評価を受けている。海面から港湾、町並み、山並みまで、大きなパノラマとして一体的な港湾都市の景観を、見事に残している。

（益田兼房　立命館大学歴史都市防災研究センター教授）

【「港町」・鞆の浦の概要】

万葉時代から中世・近世にわたって港町として栄え、数多くの歴史遺産や古い町並みを残す、広島県福山市鞆の浦。人口5,000人あまりのこの小さな町には、国の重要文化財をはじめとする40以上の文化財、19もの寺、および40以上の社祠があり、古いものに至っては9世紀前半にまでその起源をさかのぼるものもある。その他にも、江戸・明治期の町家200軒あまりが残り、町は連綿と続いてきた歴史や文化、風土、生活の重厚さを漂わせている。

多くの文献にその発展の足跡を見ることができる鞆は、歴史上重要な人物も数多く訪れ、歴史の舞台にもなっている。特に中世においては、足利氏により一時的に「鞆幕府」が置かれるなど、政治的にも経済的にも重要な役割を担っていた。

また、江戸時代に入ってからは、鞆は朝鮮通信使の寄港地としても利用されている。日韓親善のため計12回にわたって来日した使節団は、対馬のみに寄港した1回を除き、すべて鞆の浦に立ち寄っている。1711（正徳元）年、鞆を訪れた朝鮮通信使上官の一人・李邦彦は、高台にある「福禅寺」の庭より見下ろした鞆港の眺めを、「日東第一形勝」と称し日本一美しい景色であると讃えた。また、幕末にはかの坂本龍馬も鞆に足を運んでいる。

このように、多くの人が訪れ発展してきた背景には、鞆が持つ「港町」という最大の特徴と、その特徴を享受するに至った地理的好条件がある。その昔7つの島から成っていた鞆の浦は、狭い島嶼間が船の風よけとして最適で、港湾設備のないはるか昔より、瀬戸内海航行の有用な港として利用され続けてきた。また、豊後水道と紀伊水道からの潮流がぶつかり合う瀬戸内のほぼ中央に位置する鞆は、潮に乗って訪れた船を迎え、干満の差を利用した良質のドック・「焚場」を提供していた。

港町として有利なこうした様々な条件は、鞆の浦を瀬戸内海屈指の港都市に成長させ、江戸期に入ると「波止」・「雁木」「常夜燈」「船番所」「焚場」といった近世港湾設備が完成する。

日本で唯一と言われる天然円形港湾・鞆港は、現在なおそれらすべての港湾遺跡を残し、かつ港としての役目を失わず働き続けている。

【活動の引き金—鞆港埋立架橋問題発生】

しかし、1983年、県が承認した「鞆港埋立架橋計画」によって、鞆港を取り巻く環境は危機にさらされることとなる。港の3分の1を埋め立て真ん中に橋を通すという、バブルの申し子のようなこの公共事業計画は、私たちが活動を始める全ての引き金にもなっている。

2000年2月、バブル崩壊を経て価値観が大きく変化してゆくなか、何ら本質的な改善がなされないままゴーサインを受けたこの計画は、2001年にも着工されると発表された。

この差し迫った状況を受けて、私たち保存を訴える側の住民は、なんとか町を守らねばと様々な取り組みを始めた。しかし、自分たちの町への評価が低い多くの住民は、計画に対する危機感や関心も薄く、保存の重要性に気づいてもらうためには、まず鞆の遺産の価値に気づいてもらう必要があった。

そこで、1999年より開始した日本大学理工学部・伊東孝研究室による港湾調査、および2000年より開始した東京大学大学院・都市デザイン研究室（西村幸夫教授）有志による町調査に協力。それらを通して、客観的かつ学術的に明らかになった鞆の価値を、年一回の「鞆の浦シンポジウム」の場で発表し、その重要性を広く訴えてきた。

「鞆の浦を世界遺産に」という言葉が最初に登場したのは、ちょうどそのころの2000年3月、「第2回鞆の浦シンポジウム」後の反省会の席だった。住民に向けてアピールするもなかなか理解を得られず、「いかに鞆の価値を知ってもらうか」ということを協議するうち、誰にでも分かりやすい「世界遺産」という言葉が出たのだった。そして2000年6月、東京大学名誉教授・太田博太郎氏を発起人代表に、多くの方々の賛同を頂き、「鞆の浦を世界遺産に」と題した署名活動を開始。全国より非常に多くの署名が集められた。

【最初の成果—国際的評価と埋立架橋事業凍結】

こうした学術的な検証の積み重ねや協力体制は、やがて大きな実を結ぶことになる。2000年12月、先に触れた大学の協力を得て、ニューヨークに本部を持つ「世界文化遺産財団World Monument Fund（WMF）」の「World Monument

Watch（WMW）プログラム」の一つ「危機に瀕する文化遺産リスト100」への登録を申請。翌2001年10月、鞆の文化遺産の価値およびその危機は世界に認められ、エジプトの「王家の谷」や中国の「万里の長城」、ニューヨークの「グラウンドゼロ」などに並んでその名が刻まれることとなった。さらに、その翌期である2003年9月にも鞆は再選定され、2期連続でのリスト入りを果たす。

しかしこれらの発表を受けながら、地元行政は「一民間財団に選ばれたに過ぎない」とその選定を軽視。また市長に至っては、2002年5月に予定していたWMF視察団の表敬訪問に対し、前夜突然キャンセルするという姿勢をとっている。それでも、WMWに選定されたということは、後に世界遺産関係者が鞆の価値を量る指針にもなり、その後の幅広い支援へつながってゆく。

同月、こういった動きに後押しされるように、鞆では埋め立てに関わる地区の住民が立ち上がり、県・市に対し「白紙撤回要望書」を提出。

続く2002年1月にも、埋立申請に必要な「排水権利者の同意」が共有地において得られていないと、法的根拠をもとに異議申し立てを表明した。この「排水権利者の同意」に関しては、2000年9月の第150回国会および2001年の第153回国会の場においても質問され、当時の国土交通省（運輸省）港湾局長および道路局長の口より「地元における同意形成が重要、不可欠」との答弁を引き出している。

これらが決定打となり、2003年9月、三好章・前市長は、ついに「排水権利者同意」の取得を断念すると発表。事実上の計画凍結を迎えることとなった。

【活動の転換—NPO法人設立と「龍馬ゆかりの町家」修復】

この発表を受け、私たちは「これでやっとゼロからまちづくりに取り組むことができる」と、2003年6月、「NPO法人鞆まちづくり工房」を設立。7年間の大学との共同調査で明らかになった事実を、住民に啓発してゆく段階から、まちづくりに活かして実践してゆく段階に入った。

ちょうどそのころ、鞆の一角にある「町役人・魚屋萬蔵宅」という史跡が、突然売りに出された。所有者の事情で手放されることになったこの建物は、1867（慶応3）年、大阪に向かう坂本龍馬の乗った「いろは丸」と紀州藩の軍艦「明光丸」とが衝突した、いわゆる「いろは丸事件」において、坂本龍馬と紀州藩が賠償をめぐる談判を行った舞台なのである。

売家になったことを知った私たちは、この史跡を何とか保存せねばとの思いから、即、市の文化課へ打診。しかし、「無理」との一言で、まったく取り合ってもらえなかった。他にも、町並み保存を理解し協力してくれる買い手を探したが、修復には多額の費用（推定5,000万円）がかかるため、みな手を引いてしまった。結局、設立わずか2ヶ月目の私たちNPOが、協力者より1,100万円の借り入れをして購入することとなった。

このプロジェクトは、公的な文化財保護の支援を一切得られないため、財政面で非常に厳しい一方、志をもって協力してくれる多くの人々の力によって支えられている。施工を請け負ってくれている地元の建設会社「平和建設（株）」の社長・岡田吉弘氏は、建設に携わる各業者に協力を呼びかけ、技術者集団「鞆Heiwa Architect 5」を設立。ボランティア精神で修復に取り組んでくれている。その他にも、全国の賛同者はもちろん有志の業者や専門家など様々な方が、寄付金や建設資材、設計やデザインなどを提供し、様々な形で支援してくれている。

また、翌2004年5月には、先に述べた「世界文化遺産財団」の設立スポンサーの一つである「アメリカンエキスプレス社」より、事業に対し10万ドル（日本円で約1,000万円）の助成が決定。同年12月、アメリカンエキスプレス社主催で行われた助成金授与式の席において、世界遺産・WMW双方の選定に携わってきた東京大学教授・西村幸夫氏は、２度にわたるWMW選定や助成決定の重要性を、「（WMWに選定されることは）世界遺産に選定されることより厳しいかもしれない」という言葉で説明している。

【問題の再燃—新市長就任と事業推進に向けた動き】

しかし、こうして鞆の価値が次第に認識されるようになる中、鞆の埋立架橋推進派は、その流れに逆行するように、町内で推進を要望する署名集めを開始。町名まで印刷された署名用紙を町内回覧板で回し、書かなかった世帯には推進派住民が直接出向いて書かせたというその署名は、その後、市行政により「賛成の民意」として事業推進の根拠に用いられる。

2004年9月、前市長の死去により誕生した鞆出身の羽田皓・新市長は、先の推進署名により「鞆町民の９割が事業に賛成している」として、いったんは凍結していた埋立架橋計画を再燃させた。

鞆をめぐる状況が再び緊迫してゆくなか、まず動いたのは、ユネスコの諮問機関「イコモス（ICOMOS国際記念物遺跡会議）」だった。

2004年10月、愛媛県でイコモス民家建築委員会の年次会議が開催されたが、その席で民家建築学術委員の元副会長マイルス・ルイス氏が「鞆問題」を提起。それを受け、鞆港の保存と埋立架橋計画の見直しを求める「鞆宣言」が採択された。また、その会議日程終了後、メンバー十数名が愛媛より船で鞆を訪れ、町内を視察した。

一方、推進の動きを加速させる羽田市長は、年が明けてすぐの2005年１月、国土交通省空港港湾局長を訪問。前市長の際ネックとなった「排水権利者の同意」が、本当に不可欠なのかどうかを確認するためであった。市長の質問に対する国交省の答えは、「法律には100％同意が必要とは記されていない」というものであったが、100％同意を求める姿勢は基本的に変わらないという。しかし、市長は「同意はなくても埋立可能」との解釈を前面に押し出し、強く事業推進を図る。鞆を取り巻く環境は、さらに厳しいものになった。

【支援の拡大—国内外の権威による相次ぐ勧告】

一方、鞆港保存を要望する国際的な動きが続く。

2005年８月、今度は日本イコモス国内委員会の会員である、立命館大学教授・益田兼房氏および日本大学教授・伊東孝氏が、広島県庁・福山市長・尾道市長を歴訪。鞆を保存するための協力を要請する。

続く2005年10月、中国の西安においてイコモスの年次総会が開催されたが、その席で再び「鞆の浦の保存決議」が採択され、日本政府および地方自治体に対し計画中止・保存促進を勧告する文書が送られている。

続く2005年12月、先のイコモス年次総会での決議を受けて、イコモス国際学術委員会総括会議議長のクリストフ・マハット氏、民家建築学術委員元副会長のマイルス・ルイス氏、朝鮮通信使研究家の金光植氏、そして日本イコモス国内委員会委員長の前野まさる氏が、広島県および福山市を訪問。鞆の浦が世界遺産になりうる可能性を示唆し、鞆の浦保存の要望書を直接手渡す。しかし、羽田市長はこれに対し、「(鞆が世界遺産に）選ばれる保証が100%あるのか。(ないのなら）そのために（埋立架橋事業を）3年も5年も足踏みすることはできない」(2005年11月29日「朝日新聞」朝刊より）と答えている。

同月中旬、今度はイコモス国際委員会世界遺産アドバイザーのユッカ・ヨキレット氏が鞆を視察に訪問。世界遺産選定にも影響力を持つ同氏より、益田兼房教授に届いた手紙には、以下のように記されていた。

「まずは、教授の丁重なご招聘のもとで日本を訪れることができたこと、また遺産としての優れた価値を持つ数々の場所に案内していただきましたことについて、心から感謝申し上げます。なかでも、鞆の浦の漁村を訪れ、そのすばらしい周辺環境を愛でる機会を得たことを、大変嬉しく思っております。それと同時に、鞆の入江を横断する新しい高速道路の計画があることを耳にし、大変心を痛めていることを申し上げたく存じます。

この計画が実行されれば、歴史的な港は埋め立てられ取り壊され、村落と港とをつなぐ歴史的なライフラインは切断され、この美しい場所は破壊される恐れがあります。けれども、日本の人々の高い美意識と、鞆の浦とその周辺の美しさを考えれば、2005年イコモス総会で発表された宣言文によって指摘されている危険の数々が、現実のものとならないよう、関係する諸官庁が力を尽くされることと、信じております。また、鞆がワールドモニュメントファンドによって危機に瀕している遺産百ヶ所のひとつとしてそのリストに記載されたことは、よい知らせであります。(中略）鞆のような18世紀以来の歴史の各層の姿をとどめる、美しい文化的景観と海の景色。それらを破壊することは犯罪行為となるでしょう。

日本には、長い歴史が層をなして残る港は十ヶ所しかないと聞きました。そしてそのなかでも鞆は、最も優れたものとされている、と。また遡れば1711年、ときの朝鮮通信使が、自らが宿泊したところから見た景色は、広いアジアのうちでも最もすばらしいものである、と宣言したそうですね！(中略）これから研究しなくてはならないのは、この場所の備える平穏な雰囲気と美しい海の景観との関係を壊さずに、いかにこの町へのアクセスを改善できるか、ということではないでしょうか。

これは、意欲的な自治体にとって、実にふさわしい目的であるといえましょう！(以下略)
(翻訳：秋枝ユミイザベル)」

2006年3月には、ユニタール（UNITAR国連訓練調査研究所）の講師5人も鞆を視察。広島市で開かれていた世界遺産をテーマとした研修ワークショップの終了後、鞆まで足を運んでもらったのである。鞆視察を終えて、講師の一人リチャード・エンゲルハート氏は、マスコミのインタビューに対し、「鞆港埋立架橋をすれば鞆は死ぬ」と答えている。

2006年4月中旬、地元においては、福山市の任意団体「瀬戸内海を世界遺産にしよう会（準備委員会)」が主催となり、(株）日本設計名誉会長・池田武邦氏および「アファンの森基金」代表・C.W.ニコル氏の対談会を開催。その席で、ニコル氏は鞆を以下のように評している。

「今まで世界で見て、環境を壊した行動が、必ず町を壊したり、町の心を壊したり、経済をだめにするよ。車が通れないと不便でだめだという考えからちょっと離れたほうがいい。ドナルド・キーン（米人日本文学研究者）は私に、『日本で一番美しい所、一番美が残っているところは、京都よりも鞆の浦だ』と（以前言っていた）。（鞆は）間違いなく美しいところです。誇りに思ってください。」

一方の池田武邦氏は、鞆との関わりはもう20年近くにおよび、専門家８人で鞆を訪れ、３日間にわたって鞆町民に将来のまちづくりを示唆する会を持ったこともある。そんな池田氏は、対談の席でこう述べられた。

「技術が進歩すれば世の中どんどん変化して、便利になって楽になる。しかし、実はこれが大変な落とし穴なんですね。全部それは目先の効果なんです。自分たちの子どもや孫たちにとってその問題がどうなんだという視点に立つと、全部がおかしい。（近代技術文明は）使うわれわれがどこまで考えてするかが大切。遠心力が文明。求心力が文化。今大事なのは、遠心力がものすごい力を持っているから、それに対応できるだけの文化をちゃんと持たないといけない。バランスを持つこと。文化というのはものすごい昔からの人の知恵の塊だから、そういうものをもう一回見直す必要がある。鞆をちょっと歩いて注意して見ると昔の人の知恵の塊がそこら中にある。鞆は文化の塊みたいな町ですよ」

続く同月下旬、今度は東洋文化研究家のアレックス・カー氏が鞆を視察。日本文化に非常に精通し、文化イベントの総合プロデュースなども多く手がけている彼は、国土交通省主催の「外国人から見た観光まちづくり懇談会」のメンバーでもある。インタビューに対し、彼はこう答えている。

「素晴らしい景観だ。ここは江戸期の港湾施設が残る日本で唯一の場所。この町を（架橋事業で）壊すのは、日本に文明がない証拠になってしまう」（2006年５月１日「朝日新聞」朝刊より）

【地元の反応―世界から問われるその姿勢】

しかし、これだけの権威が再三にわたって声を上げるということの意味や重大性は、地元行政や住民の間では、ほとんど理解されなかった。

市行政は、「住民の９割賛成」を旗印とした推進の姿勢を変えず、多くの鞆町民や福山市民も、相変わらず問題意識を持たなかった。そんななか私たちは、それでも立ち上がった一部の福山市民や鞆町民らと共に、埋立架橋がもたらす結果を分かりやすく示したチラシを作成。住民や支援者などに広く配布し、「鞆のまちづくりを再検討する場」の必要性を訴えながら、一人一人の理解を求める署名活動を始めた。そして６月、集まった12,680名（内鞆町民1,302名）分の署名を、市と県及び国土交通省中国地方整備局へ提出。以後、市は推進の根拠を、「９割の住民の要望」ではなく「大多数の住民の要望」という表現に切り替えている。

2006年11月、広島市において、世界遺産の背景となる周辺地域の重要性をテーマとした、イコモス国際委員会が開催。

「港湾遺跡は残すのだから埋立架橋をしても価値に支障はない」という広島県・福山市行政の考えに反し、世界では今、遺産を取り囲む「バッファゾーン（緩衝地帯）」保存の重要性が高まっているという。 会では、世界遺産である原爆ドームと共に、鞆の浦の埋立架橋計画に対しても以下のような勧告が決議され、日本政府をはじめ広島県、福山市に提出されている。

第15回イコモス総会（西安、中国）で採択された鞆の架橋計画に関する第9決議は、保全が、海、島、背景の山を含む目に見える環境を包摂する形でなされるべきであるから、広島県及び福山市に対して、架橋計画を見直し、また、日本と韓国の間の文化的回廊（カルチュラル・ルート）の一部としての機能を含む鞆港の歴史的役割を考慮することを求めている。そして決議はさらに、提案されている架橋計画はこれらの重要な価値の多くを傷つけ、あるいは完全に破壊すると述べている。このことを考慮し、日本の文化遺産としての鞆の浦の高い価値を認めるものとして、我々はこの決議を強く支持する。そして、日本国内閣総理大臣、広島県知事、福山市長に以下のことを求める。

1　鞆港と鞆の町を、国際的な重要性をもつ比肩すべきもののない一体性あるものとして把握し、一体として保護すべきこと

2　危機世界遺産リストに搭載されたドレスデンの例を学ぶこと、そしてそれによって、世界遺産として登録されているものであってもまたその可能性をもつものであっても、重要な遺産の保存は、遺産自体の保護と並んで、比肩すべきもののない一体性の保持に決定的な環境と周辺の保護をも含むということを認識すること

3　架橋計画を放棄し、比肩すべきもののない一体性を害しない他の方策を考えること

その後日、このイコモスの勧告に対し、埋立架橋推進派住民から「抗議書」なる文面が送りつけられている。また、世界遺産化について記者より意見を求められた羽田市長の口からは、「イコモスは架橋断念を求めているが、世界遺産になるとの確約ができるのか」との非難が上げられている。また市長は、埋立架橋を「住民の大多数が要望している、鞆の景観にマッチした計画」としたうえで、「埋立架橋完成後、世界遺産にも選定されれば嬉しい」などと述べている。

年明け早々の2007年1月、県・市が、埋立申請を進めるために必要な測量調査を行うと発表。これに対し、調査および埋立が予定されている「元町一町内会」地区の住民は、抗議の意を表すと共に説明を求めた。

そこで、調査予定日の前日、町内において住民と行政が話し合う場が持たれることとなった。住民の間からは、「そもそも最初の段階からこの事業は同意を得られていない」との指摘が上がったが、行政担当者は、同意なしで推進する理由として、「個人の損失よりも公共の利益が上回るため」と答えている。

それに対し、住民からは何度もその「公共の利益」とは具体的に何なのかということが尋ねられたが、担当者は言葉を濁し全く答えることができなかった。そこに暮らす住民の願いである「先祖が2000年かけて守り続けてきた暮らしや環境を、子孫に残し伝えていくこと」、これに勝るいったいどんな「公共の利益」があるというのだろうか。また、いま一度、前述した「地元における同意形成が重要、不可欠」という国会での答弁の重要性を考え直してみる必要もある。「国会」という場で語られた答弁が、これほどまで簡単に覆されてよいのだろうか。

3時間にも及ぶやりとりの末、結局住民の納得が得られなかったからと、行政は測量調査の延期を決定。月内の再実施は難しいとしながらも、何とか年度内には実施し、次年度には埋立申請を提出するという方向で動いている。

しかし、外国から鞆を訪れた多くの人々の目には、こういった地元の反応はどう映っているのだろうか。彼らは鞆の魅力を感覚的に把握し、問題点を即座に理解すると、「埋立架橋事

業」に対しては溜息と共に「terrible」「stupid」などという言葉を漏らす。それを聞いた私は、いつも少なからず恥ずかしい思いをしている。なぜなら、これは一事業・一地方自治体に向けられた言葉ではなく、日本国民全体に向けられた言葉だからである。

「なぜこのようなことが平気で行われるのか」世界から投げかけられたこの疑問を、私たち日本人はどう捉えどう投げ返すのか、今そのことが問われているのではないだろうか。

【民の取り組み―自立した住民本位のまちづくりへ】

町では、こうした攻防が続くなか、建造物の老朽化がどんどん進んでいる。

「埋立架橋と町並み整備はセットである」という市の姿勢により、町並み整備に対する市の補助金は中断。1975（昭和50）年の「重要伝統的建造物郡保存地区条例」制定以降、最有力候補に上げられている鞆は、3度も調査が行われたものの、現在に至るまで申請さえ出されていない。また、貴重な近世港湾施設群についても、未だどれ一つ史跡指定を与えられていない。管理者のない町家・蔵・社などは老朽化や取り壊しが進み、特に荒廃スピードの著しいこの20年間を経て、町並みは危機的状況に陥っている。

NPOでは、一つでもこういった空家を減らしていこうと、「借りたい人」と「貸したい人」をつなぐ「空家バンク」の取り組みをすでに始めている。そして、完成を間近に控えた「龍馬ゆかりの町家」を皮切りに、ここ数年で11軒の空家がよみがえり、また今年中にも新たに4軒が再生する予定である。このように、「鞆で何かをしたい」という思いを持った人々が集まり、町家がよみがえっていくことで生まれた活気が、さらに波紋のように静かに広がってきつつある。

また、2006年10月、借り主にかかる修復費用の一部負担および、社祠など公共の建物の修復などを目指し、「鞆・町家エイド（準備会）」を発足。これは、寄付金を積み立て運用することにより、鞆の町家の保全・再生・活用を促進するというシステムである。多くの著名な方や専門家、地元協力者の方々の支持を得て立ち上げたこの会では、現在、基金となる寄付を広く呼び掛けている。

この「鞆・町家エイド」は、始動間もない12月、羽田市長の口より意外な言葉を引き出すこととなった。来年度にも、市は鞆の「町並み整備事業」を再開するというのである。あくまで「埋立架橋事業」前提の姿勢は変えず、「町並み基金」を創設するだけで、すぐ補助金が出るわけではない、という条件はついているのだが。

鞆における埋立架橋計画は、結果として私たちに様々な面で負の試練を与えることになった。しかし、それを通じて、多くの人を巻き込んでまちづくりを考える機会が生まれ、また、住民が自立した新しいまちづくりの方向性が見えてきた。こうやって、住民本位のまちづくりによって魅力ある町が誕生していけば、埋立架橋計画はおのずと居場所を失い、いずれ去って行かざるを得なくなるだろう。今はそう願ってやまない。

No	名　　称	指定区分	年　代	指定年代
1	朝鮮通信使遺跡　鞆福禅寺境内	史跡	元禄年間	平成 6 年 10 月 11 日 指定
2	石造地蔵菩薩坐像	重要美術品	1330 年	昭和 17 年 12 月 16 日 指定
3	木造法燈国師坐像	重要文化財	鎌倉時代	昭和 17 年 12 月 21 日 指定
4	木造阿弥陀如来及び両脇侍立像	重要文化財	鎌倉時代	昭和 17 年 12 月 22 日 指定
5	沼名前神社能舞台	重要文化財	桃山時代	昭和 28 年 11 月 14 日 指定
6	安国寺釈迦堂	重要文化財	1339 年建立	昭和 2 年 4 月 25 日 指定
7	太田家住宅	重要文化財	18 世紀中期～ 19 世紀	平成 3 年 5 月 31 日 指定
8	太田家住宅朝宗亭	重要文化財	18 世紀後期	平成 3 年 5 月 31 日 指定
9	鞆公園	名勝		大正 14 年 10 月 8 日 指定
10	弁天島塔婆（九層石塔婆）	広島県重要文化財	鎌倉時代	昭和 29 年 9 月 29 日 指定
11	達磨大師位牌	広島県重要文化財	鎌倉時代	昭和 30 年 1 月 31 日 指定
12	沼名前神社鳥居	広島県重要文化財	1625 年	昭和 32 年 2 月 5 日 指定
13	木造薬師如来立像	広島県重要文化財	室町時代中期	昭和 48 年 12 月 18 日 指定
14	木造十一面観音立像	広島県重要文化財	室町時代	平成 3 年 4 月 22 日 指定
15	安国寺のソテツ	広島県天然記念物		昭和 36 年 4 月 18 日 指定
16	仙酔島の海食洞	広島県天然記念物		昭和 41 年 9 月 27 日 指定
17	仙酔層と岩脈	広島県天然記念物		昭和 41 年 9 月 27 日 指定
18	鞆七卿落遺跡	広島県史跡	18 世紀	昭和 15 年 2 月 23 日 指定
19	平賀源内生祠	広島県史跡		昭和 15 年 2 月 23 日 指定
20	備後安国寺	広島県史跡	1339 年	昭和 30 年 1 月 31 日 指定
21	いろは丸展示館	福山市登録文化財	江戸末期	平成 9 年 9 月 3 日 登録
22	お弓神事	福山市無形民俗文化財		昭和 46 年 3 月 31 日 指定
23	お手火神事	福山市無形民俗文化財		昭和 48 年 3 月 31 日 指定
24	鞆ノ津の力石	福山市有形民俗文化財	天保 15 ～安政 5 年ごろ	平成 12 年 9 月 22 日 指定
25	木造青面金剛立像及び三猿・二鶏・二童子・四鬼神像	福山市有形民俗文化財	江戸時代中期	平成 5 年 12 月 24 日 指定
26	大可島城跡	福山市史跡	康永元年ころ	昭和 39 年 3 月 31 日 指定
27	鞆城跡	福山市史跡	1600 ～ 1615 年ころ	昭和 51 年 7 月 13 日 指定
28	中村家文書	福山市重要文化財	1646 ～ 1866 年ころ	昭和 37 年 3 月 31 日 指定
29	千種作 神楽筒	福山市重要文化財	1660 年ころ	昭和 42 年 1 月 31 日 指定
30	能面並びに箱類	福山市重要文化財	1565 年ころ	昭和 42 年 1 月 31 日 指定
31	沼名前神社石とうろう	福山市重要文化財	1651 年	昭和 42 年 1 月 31 日 指定
32	木造阿弥陀如来坐像	福山市重要文化財	室町時代中期	昭和 47 年 3 月 30 日 指定
33	木造地蔵菩薩立像（大観寺）	福山市重要文化財	室町時代中期	昭和 47 年 3 月 30 日 指定
34	木造地蔵菩薩立像　（地蔵院）	福山市重要文化財	室町時代中期	昭和 47 年 3 月 30 日 指定
35	鞆の津の商家	福山市重要文化財	江戸時代末期	平成 4 年 5 月 27 日 指定
36	銅鐘	福山市重要文化財	1692 年	平成 5 年 12 月 24 日 指定
37	木造千手観音立像	福山市重要文化財	鎌倉時代末期	平成 5 年 12 月 24 日 指定
38	木造地蔵菩薩半跏像	福山市重要文化財	室町時代	平成 5 年 12 月 24 日 指定
39	木造役行者像及び二鬼（前鬼・後鬼）像	福山市重要文化財	室町時代末期	平成 5 年 12 月 24 日 指定
40	岡本家長屋門	福山市重要文化財	17 世紀初期	平成 9 年 7 月 31 日 指定

あとがき

第一回世界遺産フォーラムを当地、高野山で開催できたことは誠に有意義なことであり、ご尽力を頂いた関係者に衷心より感謝申し上げます。

　また、今回のフォーラムは高野山大学との強力な連携により実現したという点においても意義のあることです。

　高野は古来より現在まで学園都市として機能しています。中世に当地を訪問した聖サンフランシスコザビエルを中心とするイエズス会の宣教師は、一五四九年に鹿児島で書いた手紙の中で高野のことに触れ、想像以上に文化レベルが高い様子に驚き、高野はパリの学生街であるカルチェラタンの様であると評したということからも、当地の普遍的価値の断片を感じることが出来ます。

　世界遺産は人・モノ・文化・自然、そしてそれらが織りなす風俗等、総合力の評価であり、環境そのものの普遍的価値を再確認する為の最も優れた仕組みであると確信しています。

　世界遺産条約について学び始めてから数年後の一九九九年、パリの世界遺産センターでレクチャーを受けた際、私を含めた日本人の世界遺産観の誤りに明確に気がつきました。

　世界遺産条約は一九七二年に制定されたにも関わらず、我が国がこの条約に締約したのは、なんとそれから二十年後の一九九二年のことです。このことからも想像できるように日本人は世界遺産には興味がなかったのです。それが一転してこの数年は異常なほどの登録要望が各地で噴出し、それはブームと言っても良いほどです。

元よりブームには功罪があります。私は昨今の世界遺産登録運動を見ていて罪の部分が気がかりです。世界遺産条約、乃至は世界遺産の本質を理解しないままに「世界遺産」というタイトルだけに惑わされ、世界遺産を誤解したまま登録に至るということは、地元民だけではなく全人類に取っても誠に不幸なことです。

地球上には国家、宗教、文化、経済などを超越した普遍的価値を持つ場所や事柄が数多く存在します。それは、それを産み出した人々だけの誉れや文化度の誇示ではなく、人類という生物共通の大いなる財産であると認識できる人をより多く増やすことによってのみ、初めて条約の真の意義が達成できるのだと思います。

とは言え、主に西洋の概念で構築された条約の理念は、我が国が持つ登録遺産候補を正確に評価し、リスト化するには不具合もあることは事実です。

例えば木造建築物に対する評価を例に挙げれば、西洋的な価値基準ではオリジナルの部材がどれだけ残されているのかということが、重視されてきました。しかしながら、木造建築物の価値はオリジナルの部材の現存率ではなく、宮大工のスキルや木材の持続的な供給システムなどを含めた、所謂総合力も価値の基準です。

このように日本を含む東洋の価値基準を世界中に知らしめていくという仕事も、世界遺産登録地域に課せられた責務です。

そういう意味でもこのフォーラムの取り組みは重要で、今後継続して各地で開催されていくことを期待しています。

最後に遠方よりご参加頂いた皆様方の益々のご活躍と、世界遺産を通して日本がより文化的な国になっていくことを祈念し、結びの言葉と致します。

二〇〇七年十月

高野町長　後藤　太栄

私たちの世界遺産 1

—持続可能な美しい地域づくり

~世界遺産フォーラム in 高野山~

2007年11月20日　第1版第1刷発行
編著者　五十嵐敬喜・アレックス・カー・西村幸夫
発行者　武内英晴
発行所　株式会社 公人の友社
〒112-0002 東京都文京区小石川 5-26-8
電話　03-3811-5701　FAX 03-3811-5795
メールアドレス　koujin@alpha.ocn.ne.jp
印刷所　倉敷印刷株式会社
装　幀　有賀　強